세계 1위 메이드 인 코리아

한국의 월드 베스트

세계 1위 메이드 인 코리아 | **반도체**

2004년 9월 20일 초판 1쇄 발행

지 은 이   최영락 · 이은경
펴 낸 이   이원중
편   집   여미숙, 박형록, 임소영, 조현경
마 케 팅   권장규
펴 낸 곳   지성사
출판등록일   1993년 12월 9일
등록번호   제10 − 916호
주   소   (121 − 854) 서울시 마포구 신수동 88-131호
전   화   (02) 716 − 4858
팩   스   (02) 716 − 4859
홈 페 이 지   www.jisungsa.co.kr
이 메 일   jisungsa@hanmail.net

ISBN 89-7889-108-X(04560)
ISBN 89-7889-095-4(set)

이 시리즈는 ⚙️ 한국공학한림원과 **지성사** 가 공학기술 정보 보급과 대중화를 위하여 기획, 발간하였습니다.

세계 1위 메이드 인 코리아

최영락 · 이은경 지음

지성사

발간에 부처

우리나라는 1960년대에 시작한 중화학공업 육성정책에 힘입어 1970년대에 비약적인 경제 발전을 이룩하였으며, 이를 토대로 1995년에는 꿈의 국민소득 1만 달러를 달성하였다. 그러나 지난 8년간 우리는 불행하게도 '마의 1만 달러 수렁'에 빠져 헤어나지 못하였으며, 급기야 1997년에는 'IMF 금융통치'라는 치욕적인 수모를 겪기도 하였다.

늦어도 2010년까지 우리 국민소득이 2만 달러대를 넘어서지 못하면 우리나라는 남미 국가들처럼 성장의 역동성을 잃고 쇄락할 수밖에 없다. 그래서 국민소득 2만 달러 시대를 달성하기 위한 전략 목표로 10대 성장동력과 10대 글로벌기업 육성의 필요성을 강조하고 있다.

그러나 어려운 상황에서도 몇몇 수출주력산업은 호조를 보여 어려운 우리 경제에 버팀목 역할을 다하고 있음은 다행스러운 일이다. 이는 WTO로 대변되는 글로벌 경제체제에서 산업은 국내가 아닌 세계에서 경쟁력을 갖추어야 살아남을 수 있음을 시사하는 것으로, 대외 의존도가 높은 우리 경제의 경우 더욱 절실하다.

따라서, 세계 일등 상품, 치열한 경쟁을 뚫고 세계 시장에서 선두를 차지하고 있는 우리 상품을 선정하여, 어떤 경영 전략하에 어떤 기술로 어떻게 만들어 세계 시장을 석권하였는지 살피고, 이에 도달하기까지 숨은 엔지니어들의 노력과 땀을 돌아봄으로써 앞으로 우리 산업 발전의 금과옥조로 삼아야 할 것이다.

이러한 내용을 가능한 한 쉽게 기술하여 일반 독자에게 전달하고자, 한국공학한림원이 '월드 베스트 시리즈'를 기획하였으며, 산업자원부 지원으로 지성사에서 출판하게 되었다. 이 시리즈에 담은 월드 베스트 상품들은 한국공학한림원의 각 회원사로부터 추천을 받거나 산업자원부가 선정한 세계 일류 상품 목록을 참조하여 한국공학한림원의 월드 베스트 기획위원회에서 최종 선정하였다. 그 결과 우선 세계 시장에서 매출액 1위를 차지하고 있는 반도체, CDMA 단말기, LNG선 세 품목에다, 세계 시장점유율 3위(2002년 기준)인 철강(포스코)과, 자동차를 포함시켰다. 자동차는 현재 생산량 기준 세계 6위라 많은 논란이 있었지만 우리 경제, 특히 무역수지에 미치는 영향과 자동차에 연계된 광범위한 전후방 산업을 감안한 결과 넣지 않을 수 없었다.

각 항목에 대한 글은 연구나 취재를 통하여 오랫동안 깊이 다루어 온 전문가에게 의뢰하였으며, 그에 대한 감수는 한국공학한림원 출판위원들이 전공에 따라 분담하였다. 또한 관련 회사로부터 자료를 지원받았으며, 관련 전문가에게서 자문을 구하였다.

이 책들이 우리나라 세계 일등 상품과 기술에 대한 국민의 이해를 돕고, 국민소득 2만 달러로 가는 길에 힘이 되어주기를 바라면서 발간사를 가름한다.

한국공학한림원 회장 이기준
산업자원부 장관 이희범

머리말

    반도체는 우리나라에서 달러를 가장 많이 벌어들이는 품목이다. 1990
년대 중반부터 10년 넘게 전체 수출액의 10퍼센트 이상을 차지했다. 그
러나 돈 못지않게 중요한 점이 있으니, 그것은 바로 우리나라도 첨단 기
술에서 세계 1등을 할 수 있음을 증명해준 것이다. 세계 지도에서 잘 보
이지도 않는 작은 나라에서 만든 반도체가 세계 시장에서 가장 많이 팔
린다는 사실은 우리에게 돈으로 살 수 없는 자부심과 자신감을 주었다.
    삼성전자는 반도체 신화의 주인공이자 우리나라 반도체 산업을 이끌
어온 대표 기업이다. 디램의 성공 경험을 발판 삼아 플래시 메모리에서
세계 1위에 올랐고 휴대폰을 비롯한 디지털 분야에서도 세계 일류 기업
으로 성장했다. 격세지감을 느끼지 않을 수 없다. 선진국에 통사정하고
문전 박대까지 당하면서 배우고 서로 잘 모르는 것을 알아내려고 수많
은 밤을 새웠던 우리 산업 전사들의 땀과 열정 그리고 사명감이 없었다
면 오늘의 삼성전자는 없었으리라.
    삼성전자가 성장을 거듭하던 1990년대 세계 반도체 시장은 사활을 건
전쟁터와 같았다. 1990년대 초 세계 반도체 시장을 지배했던 10대 기업
중 2000년대에도 살아남은 기업은 2~3개에 불과하다는 사실만 보아도
경쟁이 얼마나 치열하고 기술 개발이 얼마나 어려웠는지 알 수 있다. 그
러므로 '맨땅에 헤딩하기' 같아 보였던 삼성전자의 반도체 성공 요인을
설명하려고 세계 여러 학자들이 노력하는 것은 어쩌면 당연하다.
    이 책은 삼성전자를 중심으로 한국 반도체 산업의 성장을 다루었다.
그중에서도 반도체 산업의 발전 과정과 삼성전자의 성공 요인을 체계적

으로 정리하고자 했다. 특히 공식적인 통계·보도자료·전문가들의 논문에는 드러나지 않지만 연구소와 생산 현장에서 땀 흘린 수많은 사람들의 열정과 노력을 드러내 보이려고 애썼다. 여러 일화를 소개한 것은 단순한 에피소드로서가 아니라 그러한 열정과 노력이 기술 개발의 내용 못지않게 삼성전자의 성공에서 중요한 요인이었다고 믿기 때문이다. 그리고 지면의 제약과 대외 통상 관계 등의 이유로 반도체 산업 성장에서 정부와 다른 기업의 역할을 충분히 못 다룬 점을 안타깝게 생각한다.

과학기술정책 분야에서 일하는 글쓴이들로서는 삼성전자의 예가 주로 외국 기업을 대상으로 만들어진 이론과 모델에 따라 분석되는 현실이 불만스러웠다. 기존 이론으로는 삼성전자의 독특한 기업 문화, 우리나라만의 과학기술 환경, 그리고 우리의 민족성 등을 충분히 설명하지 못한다고 느꼈기 때문이다. 충분하지는 않지만 이 책에서 'S이론'이란 이름으로 삼성전자 고유의 혁신 모델을 시도해본 것은 이 때문이다. 이 책을 통해 일반 독자들이 반도체 산업에 대해 좀더 이해하고 삼성전자 고유의 혁신 모형을 찾으려는 연구자들의 노력이 활발해졌으면 하는 바람을 가져본다.

끝으로 이 책의 출판을 지원한 산업자원부, 한국공학한림원과 원고를 준비하는 동안 여러모로 도와주신 삼성전자의 이승백 그룹장님, 지화용 과장님 그리고 지성사 여러분들께 감사의 마음을 전하고 싶다.

2004년 9월 최영락, 이은경

삼성의 반도체 신화는 이렇게 씌어졌다

2부

1
S e m i c o n d u c t o r

반도체 넘버 원,
대한민국

"제2의 반도체를 찾아라!"

사람들은 다음 10년간 우리나라를 먹여 살릴 산업 기술을 말할 때 이렇게 말한다. 바꾸어 말하면 반도체가 지난 10년간 우리나라를 먹여 살렸다는 뜻이다. 2003년 우리나라 총수출액은 1,900억 정도 달러인데, 이 중 반도체 수출로 번 돈이 200억 달러 정도다. 이 금액은 전체의 약 10퍼센트니까 우리나라가 수출로 1,000원을 벌면 그중 100원은 반도체를 팔아서 번 셈이다. 세계적으로 반도체 경기가 매우 좋았던 1995년에는 우리나라 전체 수출액에서 반도체의 수출 비중이 18퍼센트나 되었다. 그러므로 반도체 값이 폭락하거나 반도체가 경쟁력을 잃으면 전체 수출액이 급격히 줄어들 수밖에 없었다. 이쯤 되면 그저 상징적인 의미에서 다음 세대 핵심 기술로 반도체를 지목한 것이 아님을 알 수 있다.

코리아 돌풍 일으킨 '반도체'

우리나라의 반도체 산업은 그 어떤 드라마보다 극적으로 성장해왔다. 어떤 사람은 이를 일컬어 신화니 기적이니 했다. 외국에서는 반은 부러운 눈빛으로 반은 경계의 눈빛으로 우리나라 반도체 산업의 성장을 바라보았다.

이미 우리나라는 1970년대에 세계가 놀랄 만한 고도성장을 이룩하여 외국에서는 '한강의 기적'이라며 찬사를 아끼지 않았다. 한강의 기적은 이제 반도체의 눈부신 성장으로 이어져 '코리아의 황색 실리콘 돌풍'을 일으킨 것이다.

반도체 산업 성장의 견인차는 디램(DRAM, Dynamic Random Access Memory)이었다. 우리나라는 1970년에 처음 국내 자본으로 반도체 조립 회사를 설립했고, 1983년에 64K 디램을 개발하는 데 성공했다.

이때만 해도 디램 분야에서 우리나라와 미국, 일본 등 선진국의 기술 차이는 4년 6개월이었다. 즉 선진국은 우리나라보다 4년 6개월이나 기술이 앞서 있었다.

국내 반도체 산업의 대표 선수인 삼성전자(이하, 삼성)는 기술 발전 단계를 밟아오는 동안 이 차이를 점점 줄였다. 64K 디램 개발에 성공한 지 9년 만인 1992년에 64M 디램을 개발해 선진국을 완전히 따라잡았고, 그 이후로 계속 세계 1위 자리를 지키고 있다.

우리나라 반도체 산업의 성과는 디램에 국한되지 않는다. 삼성은 디램 분야에서 거둔 성과를 발판으로 에스램(SRAM, Static RAM)

과 플래시 메모리(Flash Memory) 분야에서도 이미 세계 1위에 올라섰기 때문이다. 특히 플래시 메모리는 요즘 각광받는 디지털 카메라, 디지털 캠코더, 초소형 저장 장치, USB 드라이브 등에 사용되는 핵심 부품으로 '디지털 저장 장치의 혁명가'로 불린다.

삼성이 2003년에 세계적 반도체 기업 인텔을 제치고 플래시 메모리 분야에서도 1위를 차지했다는 것은 디램의 성공이 디램에서 끝나지 않았음을 보여준 중요한 사건이었다. 이로써 삼성은 디램, 에스램, 플래시 메모리 등 메모리 전 분야에서 1위 자리에 오르게 된 것이다.

이러한 성과에 걸맞게 세계 반도체업계에서 삼성의 지위도 올라갔다. 2003년 12월에 삼성의 엔지니어가 국제전기전자표준협회의 의장으로 선출된 것이다. 이 국제기구는 반도체 기술의 국제 표준을 정하는 곳이다. 어떤 기술이 국제 표준이 되기 위해서는 기술의 우수성과 안정성이 뒷받침되어야 하고 일단 국제 표준으로 정해지면 세계가 그것을 따르게 된다. 따라서 지금까지 세계적인 대기업들이 차지해온 의장직을 삼성이 맡았다는 것은 삼성이 반도체업계에서 기술 선도 기업의 입지를 굳혔음을 보여주는 상징적인 사건이다.

삼성은 반도체 분야 달리기 시합에서, 다른 선수들에 비해 체격이 형편없이 작은 선수가 가장 늦게 출발한 경우라고 볼 수 있다. 그러나 이 선수는 달리면서 점점 더 속도를 높여서 앞서가던 주자들을 하나씩 따라잡았고 급기야는 맨 앞에서 달리게 되었다. 이 광경을 지켜보는 관중이라면 누구라도 이 '작은 선수'에게 격려의 박수를 아끼지 않을 것이다.

반도체 넘버 원, '삼성'

아무리 시시하고 사소한 일이라도 세계에서 1등을 하기란 정말 어렵다. 하물며 반도체 산업같이 최고 수준의 기술과 경영 능력이 필요한 첨단 분야에서 세계 1위를 하는 일은 얼마나 어렵겠는가? 뒤늦게 반도체 산업에 뛰어든 삼성이 세계 굴지의 기업들을 따돌리는 이런 대역전은 누구도 예상하지 못했다.

삼성은 반도체 산업의 성과를 통해 우리나라가 천년만년 남의 기술이나 모방하고 뒤쫓는 게 아니라 첨단 분야에서도 선진국을 앞서갈 수 있다는 훌륭한 선례를 보여주었고, 우리 국민들에게 '하면 된다'는 큰 자신감도 심어주었다. 산을 오를 때는 앞만 보면서 가기 때문에 시야가 좁을 수밖에 없다. 가장 높은 봉우리에 올라섰을 때에야 사방이 확 트여 시야가 넓어지고 비로소 산 전체를 한눈에 볼 수 있다. 디램을 통해 얻은 경영, 기술 혁신 능력과 자신감은 우리가 다른 분야에도 도전하게 한 그 무엇과도 맞바꿀 수 없는 소중한 자산이다.

그런데 삼성은 고집적회로에 도전한 지 20년 만에 어떻게 이런 놀라운 성과를 이룰 수 있었을까? 선진국 기술을 배우기에도 벅찼을 시기에 무엇을 어떻게 한 것일까? 특히 디램 분야는 삼성이 독주하기 전까지 기술 발전 단계마다 선두가 바뀌는 치열한 전쟁터 같지 않았는가. 삼성이 그 경쟁에서 살아남은 비결은 무엇인가? 또 선두를 차지한 뒤 수년간 그 자리를 지킬 수 있었던 원동력은 무엇인가? 그리고 명실상부한 메모리 반도체 분야 선도 기업이 된 후 삼성은 어떻게 달라졌는가?

▼ 표1 세계 반도체업계 분야별 순위

품목 순위	반도체 시장점유율(%)		디램 시장점유율(%)		플래시 메모리 시장점유율(%)	
	기업	%	기업	%	기업	%
1	인텔(INTEL)	15	삼성	29	삼성	21
2	삼성	6	마이크론 (Micron)	19	AMD (Advanced Micro Devices.)	16
3	르네사스 테크놀로지 (Renesas Technology)	4	인피니온 테크놀로지스	15	인텔	15
4	텍사스 인스트루먼츠 (Texas Instruments)	4	하이닉스(Hynix)	15	도시바	14
5	도시바(Toshiba)	4	난야 테크놀로지 (Nanya Technology)	4	르네사스 테크놀로지	9
6	ST 마이크로일렉트로닉스 (ST Microeletronics)	4	엘피다(Elpida)	4	ST 마이크로일렉트로닉스	7
7	인피니온 테크놀로지스 (Infineon Technologies)	4	모젤 바이텔릭 (Mosel Vitelic)	3	샤프(Sharp)	5
8	NEC 일렉트로닉스 (NEC Electronics)	4	파워칩 세미컨덕터 (Powerchip Semiconductor)	3	샌 디스크 (San Disk)	5
9	모토롤라(Motorola)	3	윈본드 일렉트로닉스 (Winbond Electronics)	2	실리콘 스토리지 테크놀로지 (Silicon Storage Technology)	2
10	필립스 세미컨덕터 (Philips Semiconductor)	3	프로모스 테크놀로지스 (ProMos Technologies)	1	매크로닉스 인터내셔널 (Macronix International)	2

※자료 : Dataquest(2004.3).

2
Semiconductor

반도체란
무엇인가?

전기를 기준으로 하면 세상에는 크게 두 종류의 물질이 있다. 전기가 통하는 도체(導體)와 전기가 통하지 않는 부도체(不導體)가 그것이다. 백금, 구리 등 금속 물질은 대부분 도체고, 나무·바위·옷감 등은 부도체다. 사람들은 오랫동안 자연에 도체와 부도체만 있는 줄 알았다. 도체와 부도체의 중간 어디쯤에 속하는 '반도체(半導體)'가 존재한다는 사실을 알게 된 것은 비교적 최근의 일이다.

그러면 반도체란 무엇인가? 반도체(Semiconductor는 semi(절반)와 conductor(도체)의 조합어)는 말 그대로 절반만 도체, 즉 도체와 부도체의 중간 특성을 가진 물질이다. 실리콘(Si), 게르마늄(Ge) 등이 여기에 속한다. 자유전자를 가진 물질만 전기가 통할 수 있다. 자유전자가 많은 도체는 전기가 잘 통하고 자유전자가 없는 부도체는 전기가 안 통한다. 반면 반도체에는 평상시에 자유전자가 없으나 반도체에 열을 가하거나 특정한 불순물을 첨가하는 등 약간

PC 메인보드

구동 IC

MP3 플레이어

메모리모듈

스마트카드

▲ 반도체 집적회로가 사용된 제품들.

의 변화를 주면 자유전자가 조금 생겨나 전기가 통하게 된다. 물리학에서는 이런 특성을 가진 물질을 모두 반도체라고 부른다.

그러나 일상에서 반도체는 이보다 좁고 특수한 뜻을 가진다. 즉 반도체의 물리적 성질을 이용하여 특수하게 만든 소자를 가리킨다.

PC는 물론 각종 가전제품에서 반도체 집적회로가 핵심적인 역할을 하면서 이제 반도체 집적회로는 우리 생활에 없어서는 안될 매우 소중한 것이 되었다.

반도체 소사(小史)

반도체의 물리적 특성을 이용한 트랜지스터(Transistor)가 발명되기 전까지는 전류의 흐름을 조절하기 위해 진공관을 사용했다.

발명가 에디슨(Thomas Alva Edison)은 백열전구를 개발하던 중 전등의 필라멘트와 금속판 사이의 진공 속으로 전기가 흐른다는 사실을 알게 되었다. 물리학자 플레밍(John Ambrose Fleming)과 전기공학자 포레스트(Lee de Forest)는 '에디슨효과'라고 불렸던 이 현상을 이용해 각각 2극 진공관과 3극 진공관을 발명했다. 3극 진공관은 거의 진공 상태인 유리관 양극판 사이에 '그리드'라는 금속판을 두어 전기의 흐름을 조절할 수 있었다.

부피 크고 잘 깨지는 진공관

진공관은 전류가 흐르는 회로에 여러 변화를 줄 수 있다. 그래서 전기 장치에 진공관을 이용하면 교류를 직류로 바꿀 수 있고, 미세한 전기 신호를 증폭시킬 수 있으며, 일정한 조건이 만족될 때에만 전류가 흐르는 스위치로 그 장치를 작동시킬 수도 있다.

▼ 진공관

에디슨은 진공관의 증폭 기능을 이용하여 맑고 깨끗한 소리를 내는 축음기를 발명했다. 라디오, 텔레비전은 물론 탄생될 수 있었다. 최초의 컴퓨터도 진공관을 이용해서 만들었다.

진공관의 용도는 무궁무진했지만 다루기가 까다로웠다. 무엇보다 진공 상태의 유리관을 사용하기 때문에 부피가 크고 깨지기 쉬웠다. 또 전기가 흐를 때 열이 발생하기 때문에 계속해서 오랫동안 쓸 수가 없을 뿐

▶ 트랜지스터

만 아니라 열 때문에 얇은 유리관이 터져버리는 경우도 많았다.

특히 수천에서 수만 개의 진공관을 이용하는 컴퓨터에서는 진공관의 이러한 단점이 크게 문제가 되었다. 진공관의 크기도 문제거니와 수많은 진공관 중 어느 하나라도 터져버리면 컴퓨터가 작동을 멈추거나 컴퓨터에 오류가 발생했기 때문이다.

트랜지스터 출현

이러한 진공관의 문제를 해결한 것이 바로 트랜지스터였다. 1947년 미국 벨연구소의 물리학자 쇼클리(William B. Shockley), 바딘(John Bardeen), 브래튼(Walter H. Brattain)은 반도체의 특성을 이용하여 진공관을 대체할 수 있는 트랜지스터를 개발했다. 이로써 진공관의 시대가 끝나고 트랜지스터가 주도하는 전자 산업의 시대가 열리게 되었다.

초기의 트랜지스터는 기능 면에서 보면 진공관과 비슷했다. 그러나 진공관보다 전력 소비량이 적고 작동하기 전에 예열하지 않아도 되며 안정성 또한 높았다. 무엇보다 진공관의 200분의 1 수준으로 부피가 작아진 것이 큰 장점이었다.

페어차일드(Fairchild) 반도체 회사는 1959년 말에 실리콘을 이용한 최초의 상업용 트랜지스터를 생산하기 시작했다. 트랜지스터를 사용하면서부터 집채만 하던 컴퓨터가 옷장 크기로 줄어들 수 있었다. 전자손목시계 속의 트랜지스터를 진공관으로 대체하

집적회로

컴퓨터 내부에 발이 여러 개 달린 부품이 장착되어 있다. 이것이 바로 반도체 집적회로인데, 흔히 IC(Integrated Circuit)라고 부르는 것이다. 정확히 말하면 반도체는 이 부품을 만드는 재료다. 반도체 집적회로라는 말은 많은 양의 자료를 기억할 수 있게 반도체에 수천에서 수만 개에 이르는 트랜지스터, 저항기, 캐패시터 등을 모아 놓은 데서 비롯되었다.

반도체 한 개에 들어간 트랜지스터 개수를 '집적도'라고 한다. 기술이 발전하면서 반도체 한 개에 들어가는 트랜지스터의 수도 기하급수적으로 늘어나는데, 그 집적도에 따라 반도체를 소규모 집적회로(Small Scale Integration), 중규모 집적회로(Medium Scale Integration), 대규모 집적회로(Large Scale Integration), 초대규모 집적회로(Very Large Scale Integration), 극초대규모 집적회로(Ultra Scale Integration) 등으로 나누는 것이다.

려면 1만 8,000개의 진공관이 필요하다고 한다.

집적회로 시대 개막

1950년대 초부터 과학자들은 트랜지스터, 저항기, 캐패시터 등을 하나의 복합 반도체 기판에 내장하려고 노력하기 시작하였다. 그리고 1958년 텍사스 인스트루먼츠의 전자공학자 킬비(Jack St. Clair Kilby)는 이러한 회로 개발이 실제로 가능하다는 사실을 입증했다. 이로써 집적회로의 시대가 열렸다.

킬비가 개발한 최초의 집적회로는 트랜지스터 1개, 저항기 3개, 캐패시터 1개 등 모두 5개의 소자를 하나의 반도체 기판 위에 모아 놓은 것에 지나지 않았다. 그 뒤 집적도가 빠른 속도로 증가해 트랜지스터 100여 개를 집적한 소규모 집적회로, 100~1,000개를 집적한 중규모 집적회로, 1만 개 정도를 집적한 대규모 집적회로, 10만 개 정도를 집적한 초대규모 집적회로로 발전했다.

최초의 초대규모 집적회로는 가로, 세로 6밀리미터 기판에 캐패시터와 트랜지스터 15만 6,000개를 집적시켰다. 그리고 1990년대에는 트랜지스터 400만 개 정도가 집적된 64M 디램과 같은 극초대규모 집적회로를 개발하기에 이르렀다. 현재 반도체 기술은 한때 서재 한 구석을 가득 메웠던 『브리태니커 백과사전』의 모든 내용을 손톱만 한 칩 하나에 다 담을 수 있을 정도로 발전했다.

이러한 초대규모 집적회로를 보통 반도체라고 부른다. 집적도가 높아짐에 따라 반도체를 사용하는 전자 기기들은 작고 가벼워진 반면 성능은 높아졌다. 데스크톱, 노트북 PC, PDA의 크기와 성능을 비교해보면 그 차이를 알 수 있다.

메모리 반도체

메모리 반도체에는 정보를 기록하고 기록해둔 정보를 읽거나 내용을 바꿔 써 넣을 수 있는 램과 기록된 정보를 읽을 수만 있고 기록하거나 바꿀 수 없는 롬(ROM, Read Only Memory)이 있다. 이 중에서 세계 시장을 이끄는 우리 반도체는 램이다.

롬과 달리 램은 전원이 끊기면 기록해둔 자료가 사라지는 것이 특징이다. 그러므로 컴퓨터에서 작업한 후에는 전원이 끊겨도 기록이 보존되는 하드디스크 같은 장치에 반드시 작업 내용을 저장해야 한다.

대표적인 램에는 에스램과 디램이 있다. 변화가 없고 지속적이라는 뜻(static)을 내포한 에스램은 전원이 끊기지 않는 한 기록된 정보를 유지하는 특성이 있다. 그리고 반응 속도가 매우 빠른 대신 정보를 계속 유지하기 위해 전력 소비가 많고 값이 비싼 단점이 있다. 따라서 기억 용량은 작지만 반응 속도가 빠른 메모리가 필요할 때 주로 사용되며 PC에서는 캐시 메모리로 사용된다.

반면 디램은 일정한 시간이 지나면 기록해둔 정보가 저절로 없어지므로 정보가 사라지지 않도록 하려고 일정한 시간마다 정보를 재생하는 작동을 한다. 사람으로 치면 기억한 것을 잊어버리지 않도록 계속 확인하고 되뇌는 행동을 하는 것이다. 기록을 계속 재생하는 작업을 해야 하므로 디램은 한 번만 기록해두면 되는 에스램에 비해 반응 속도가 느릴 수밖에 없다. 반면 전력 소모가 적고 값이 싼 장점이 있다. 집적도가 높아서 주로 대용량 기억 장치로 쓰이며 PC에서는 메인 메모리로 사용된다.

플래시 메모리는 다른 메모리 반도체, 즉 디램이나 에스램과 달리 전원이 끊긴 뒤에도 정보가 계속 남아있는 반도체다. 즉 정보를 읽고 쓸 수 있는 램과 정보를 읽을 수만 있는 롬의 중간 형태의 메모리다.

컴퓨터로 작업하는데 갑자기 정전이 되거나 깜빡 잊고 저장하지 않은 채 컴퓨터를 껐다가 소중한 데이터를 모두 날려버린 경험이 누구나 한 번쯤은 있을 것이다. 중심 메모리로 사용되는 디램이나 에스램은 전원이 끊기면 정보가 사라져버리는 특성이 있기 때문이다. 그래서 우리는 컴퓨터 전원을 끄기 전에 반드시 하드디스크같이 반응 속도는 매우 느리지만 전원과 무관하게 정보를 기록할 수 있는 저장 장치에 데이터를 기록해둔다.

그런데 플래시 메모리를 쓰면 램과 같이 빠른 속도로 정보를 읽고 쓸 수 있고 하드디스크같이 전원과 무관하게 정보도 저장할 수 있다. 게다가 플래시 메모리는 덩치가 크고 잘 망가지는 하드디스크와 달리 반도체기 때문에 때문에 크기가 작고 충격에도 강하며 전력 소모도 매우 적다. 플래시 메모리가 노트북 PC나 디지털 카메라 등 개인 휴대용 디지털 기기에서 크게 환영받는 것은 바로 이 때문이다. 단지 문제라면 다른 메모리에 비해서 월등히 비싸 아직까지는 고가 고급 장비에만 사용된다는 점이다.

그러나 최근 플래시 메모리의 설계, 생산 기술이 발전하면서 플래시 메모리의 집적도가 높고 값도 과거에 비해 싸지는 추세라 플래시 메모리 시장이 빠르게 성장하고 있다. 따라서 아직까지는 플래시 메모리가 고가 장비에 사용되거나 플로피디스크, 시디(CD)를 대신하는 휴대용 메모리로 주로 사용되지만, 시간이 지나면 하드디스크와 경쟁할 것으로 기대된다.

반도체 산업의 특징

　이러한 고집적 반도체는 어떻게 만드는가? 우리나라에서 세계 시장의 40퍼센트 이상을 생산하는 디램을 중심으로 살펴보자. 디램 제조에는 '리소그래피'라는 기술을 이용하는데, 이 기술은 큰 사물을 작은 필름에 축소하여 기록하는 사진기의 작동 원리와 비슷하다.

　즉 웨이퍼(wafer)라고 부르는 동그란 실리콘 기판에 사진을 찍듯이 엄청나게 복잡하고 많은 전자 소자와 회로의 패턴을 축소하여 찍는다. 보통 1장의 웨이퍼에는 수십 개의 칩이 찍히는데, 그 각각을 잘라서 지네발같이 생긴 단자를 붙여 봉합하면 디램이 완성된다.

핵심 기술은 선폭 줄이기

　1개의 웨이퍼에 얼마나 많은 수의 칩을 찍을 수 있는가, 또 같은 수의 칩이 찍힌 웨이퍼에서 얼마나 많은 칩을 만들어낼 수 있는가에 따라 디램 1개를 만드는 데 드는 비용이 다르다. 1개의 웨이퍼에 더 많은 칩을 찍기 위해서는 회로의 선폭을 축소하여 칩의 크기를 최대한 줄여야 한다.

　이렇듯 작은 면적에 많은 선을 그려 넣어야 하기 때문에 반도체 제작에서는 선폭이 매우 중요하다. 단순하게 생각하면 선폭을 좁히는 일이 쉬워 보이지만 선폭을 좁게 구현하기 위해서는 수준급의 설계 기술과 정밀 가공 기술이 필요하다. 그러므로 무조건 선폭을 좁힐 수는 없으나 좁을수록 좋은 것은 사실이다.

▲ 디램은 머리카락 한 올의 1000분의 1 정도로 미세한 처리 공정을 수십 번 반복한다. 사진은 금선 연결 과정.

리소그래피

리소그래피(lithography)는 반도체 집적회로를 만들 때 회로의 패턴을 기록하는 방식, 즉 전사(傳寫) 기법을 말한다. 고집적회로가 가능하게 된 것은 크고 복잡한 전자 회로를 아주 작은 크기로 축소하여 실리콘 웨이퍼 위에 옮길 수 있게 되면서다.

리소그래피 기본 원리는 우리가 사진을 찍는 것과 비슷하다. 우리는 카메라 렌즈를 작동시켜 큰 집과 사람과 나무를 한 장의 인화지 속에 축소하여 나타낼 수 있다. 마찬가지로 구조가 크고 복잡한 회로의 설계 패턴을 웨이퍼라는 인화지 위에 모양 그대로 그러나 크기는 아주 작게 옮겨 나타낼 수 있다.

집적도가 높지 않았던 초기에는 사진처럼 빛을 이용하는 '광(光) 리소그래피'였다. 그러나 빛을 이용하는 광학현미경으로는 작은 것을 들여다보는 데 한계가 있기 때문에 전자현미경을 사용하는 것처럼, 집적도와 축소율이 높아짐에 따라 최근에는 빛보다 파장이 짧은 X선이나 전자빔을 사용하는 'X선 리소그래피'와 '전자빔 리소그래피'를 이용해서 반도체 만드는 것을 연구하고 있다.

수율이 경쟁력

기술 수준이 같다면 생산 과정에서 불량률을 줄이는 것이 이익을 내는 지름길이다. 같은 웨이퍼에서 더 많은 칩을 생산하는 능력은 기업의 이윤과 직결되기 때문이다. 따라서 불량률을 줄여

한 개의 웨이퍼에서 더 많은 칩을 얻기 위해서는 공정의 미세한 차이까지도 모두 잘 통제해야 한다.

디램은 머리카락 한 올의 1000분의 1 정도인 0.1마이크로미터(1마이크로미터는 10^{-6}m) 미만으로 미세하게 처리하는 공정을 수십 번 반복하여 생산된다. 그러므로 제작 공정에서 미세한 먼지가 들어가거나 사용하는 약품의 순도가 조금만 달라져도 불량칩이 나온다. 반도체 공장 직원들이 온몸을 가리는 하얀 방진복을 입는 것도 이 때문이다. 심지어 여직원들은 화장도 할 수 없다. 미세한 분가루조차 생산에 영향을 줄 수 있기 때문이다.

빠른 출시가 성공 지름길

공정 기술은 제품 개발 단계뿐만 아니라 생산 과정에서도 계속

수율

반도체 제조 공정 중에 투입된 원재료의 양에 대비하여 제조되어 나온 양의 비율을 표시한 것을 '수율(yield)'이라고 한다. 수율은 1-불량률로 나타낸다. 반도체는 다른 제조 산업의 제품과 달리 불량품이 발생했을 때 제품을 수리하거나 일부 부품을 교체할 수 없다. 즉 어느 한 부분이라도 결함이 있으면 반도체를 버려야 한다. 따라서 반도체 산업은 이 수율의 정도가 경쟁력이다. 일반적으로 설계·제조 기술의 수준, 제조 공정 중의 청정도 등이 수율에 가장 큰 영향을 미친다. 일반적으로 수율이 80퍼센트를 넘을 때 '골든수율'이라고 부른다.

발전한다. 그러므로 디램의 경우 대량생산 초기에는 수율이 10퍼센트 안팎에 불과하다가 공정 기술이 안정되면 90퍼센트까지 높아지기도 한다. 이 경우 같은 생산 비용으로 9배 가까이 많은 제품을 생산하니 그만큼 칩 한 개의 생산 비용이 낮아진다.

또 한 가지 디램의 특징은 나중에 나온 제품이 먼저 나왔던 제품을 대체한다는 것이다. 예를 들어 1M 디램이 널리 사용되다가 4M 디램이 개발되어 팔리기 시작하면 1M 디램은 빠른 속도로 시장에서 사라져버린다. 이론적으로는 1M 디램 4개면 4M 디램 1개와 맞먹는 기억 용량을 가지니까 두 종류 다 팔릴 것 같지만 실제로는 그렇지 않다. 예를 들어 4M 디램이 처음 나왔을 때에는 가격이 높지만 수율이 높아지면서 가격이 빠른 속도로 내려가기 때문에 1M 디램은 가격 경쟁에서 버틸 수가 없다. 그러면 기업은 1M 디램 생산을 중지한다. 즉 4M 디램은 기존의 1M 디램과 경쟁하는 것이 아니라 4M 디램끼리 경쟁하는 것이다.

이는 마치 컴퓨터가 업그레이드되는 것과 비슷하다. 펜티엄 컴퓨터가 처음 나왔을 때는 386컴퓨터에 비해 비싼 편이었지만, 경쟁이 가능할 정도로 펜티엄 컴퓨터의 가격이 내려가면 곧 386컴퓨터는 더는 출시되지 않는다. 조금만 시간이 지나면 펜티엄 컴퓨터의 가격이 386컴퓨터 수준으로 떨어지기 때문이다.

메모리 반도체, 특히 디램은 소품종 대량생산 제품이다. 목적과 기능이 특별히 정해진 비메모리 반도체와 달리 디램은 기능과 구조가 단순하여 쓰임새가 많기 때문이다. 대량생산체제이기 때문에 시장에서 가격 경쟁이 심해서 같은 제품을 얼마나 싸게 내놓느냐에 기업의 성패가 좌우된다. 그래서 실험실에서 시제품 개발에 성공하는 것과 별개로 대량생산을 위해 설비를 갖추고 공정 기술을 개발하는 시간이 더 필요하다. 각 기업의 기술력, 경험, 투자 의지 등에 따라 제품 기술 개발과 대량생산 기술 확립 사이의 시간이 다르다. 이 차이는 기업에 따라 짧게는 1년 반에서 길게는 3년까지 난다. 따라서 디램은 이 차이를 최대한 줄여 다른 기업보다 빨리 상품을 시장에 내놓아야 비싼 값을 받을 수 있다. 후발 기업이 같은 상품을 시장에 대대적으로 내놓으면 상품 가격이 급격하게 떨어지기 때문이다.

메모리와 비메모리

반도체를 분류하는 기준은 여러 가지인데, 그중 하나가 정보 저장 기능이다. 정보 저장 기능이 있는 반도체를 메모리 반도체라고 하고 그렇지 않은 반도체를 비메모리 반도체라고 한다.

메모리 반도체의 주된 기능은 기록된 정보를 저장해놓았다가 필요할 때 보여주는 것이다. 메모리 반도체는 전체 반도체 시장의 25퍼센트 정도를 차지하며, 정보 저장 방식에 따라 디램, 에스램, 플래시 메모리 등이 있다. 우리나라가 세계 최고의 기술을 자랑하는 것은 바로 이 메모리 반도체 부문이다.

메모리 반도체는 말 그대로 기억 장치이므로 얼마나 많은 양을 기억하고 얼마나 빨리 반응할 수 있는가가 중요하다. 따라서 메모리의 용량과 반응 속도에 따라 그 메모리를 사용하는 컴퓨터와 디지털 기기들이 구현할 수 있는 기능이 다르다.

비메모리 반도체는 기능이 특별하게 설계된 반도체를 말하는데 사람으로 치면 생각하고 계산하는 두뇌 부위와 비슷하다. 비

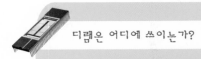

디램은 어디에 쓰이는가?

디램을 주로 쓰는 기기는 디램을 메인 메모리로 사용하는 PC
다. 1980년대 이후 PC가 대대적으로 보급되면서 디램 시장도 급
성장했다. 이제는 웬만큼 PC가 퍼져있어서 사람들은 PC를 새로
사기보다 업그레이드하는 경우가 많은데, 이는 경기 탓도 있다.
따라서 디램 시장은 전체 PC 경기에 영향을 받는다.

나날이 발전하는 게임은 최근 PC를 지속적으로 업그레이드하
게 만드는 일등 공신 중 하나다. 학교 공부나 회사 업무에 필요
한 PC 용량은 일정한 수준을 넘지 않는 데 반해, 게임에서는 화
려하고 실감나는 동영상을 보여주고 효과음을 제대로 전달하기
위해 더 큰 메모리가 필요하기 때문이다.

특히 소니의 플레이스테이션이나 MS의 X박스 같은 게임기에
는 디램 중에서도 속도가 빠른 램버스 디램이 사용된다. 이러한
고성능 디램은 일반 PC에 들어가는 디램보다 값이 훨씬 비싼
고부가가치 상품이다. 그런데 플레이스테이션2와 X박스에 들어
가는 고성능 디램의 상당량이 삼성의 제품이다.

게임기 외에 점차 기능이 다양해지는 휴대폰과 디지털화되는
가전제품에서도 디램 사용이 늘어나고 있다. 디지털 TV, DVD
플레이어, 디지털 카메라 등에도 디램이 사용된다. 특히 휴대폰
은 보급 속도가 빨라 PC, 게임기에 이어 새로운 디램 수요처로
부상하고 있다.

메모리 반도체는 종류와 기능이 다양하다. 흔한 것으로는 특정한
기기를 위해서 또는 특정한 기능을 하도록 제작된 주문형 반도체

와 마이크로컴포넌츠가 있다. 주문형 반도체의 예로는 핸드폰이 전파를 수신하고 동영상을 처리할 수 있도록 특별히 설계, 제작된 핸드폰 속의 칩을 들 수 있다. 대표적인 마이크로컴포넌츠로는 인텔의 펜티엄칩을 비롯한 컴퓨터 CPU가 있다.

단순하게 말하면 메모리 반도체와 비메모리 반도체는 서로 결합해야만 사람의 뇌와 같은 연산작용을 할 수 있다. 즉 비메모리

주문형 반도체

주문형 반도체(Application Specific Integrated Circuit)는 비메모리 반도체의 일종으로 말 그대로 특정한 응용 분야와 특정한 기기를 위해 주문 제작하는 집적회로다. 반도체에는 디램과 같이 정보 저장을 위한 메모리 반도체와 연산, 논리 작업과 같이 정보 처리 기능을 가진 비메모리 반도체가 있다. 비메모리 반도체 중 우리에게 가장 잘 알려진 것이 컴퓨터 두뇌에 해당하는 미국 인텔사의 CPU, 즉 80386 · 펜티엄 등의 이름을 가진 칩이다.

비메모리로서 정보 처리 기능을 하는 주문형 반도체는 특정한 기기를 위해 필요한 기능만을 수행하도록 설계되고 제작된다. 전화기, 자동차, 디지털 가전, 휴대폰 등을 위해 필요한 기능은 각각 다르고 그에 따라 다른 칩이 필요하기 때문이다. 예를 들어 A사의 인쇄복합기를 위해 만들어진 칩은 다른 회사의 인쇄복합기나 A사의 다른 기기에서 사용할 수 없다. 따라서 주문형 반도체는 다품종 소량생산 방식의 상품이다. 또한 요구되는 주문 사항을 만족시키기 위해서는 뛰어난 반도체 설계 능력이 필요하다.

반도체는 분석하고 계산하고 명령하는 두뇌고, 메모리 반도체는 필요한 정보를 기억하였다가 빨리 찾아내는 두뇌인 셈이다. 그러므로 어느 한쪽이 더 중요하다고 말할 수 없으며 두 반도체가 조화롭게 어울릴 때에만 우수한 성능을 낼 수 있다.

1등은 바뀐다

디램 기술은 세대간 단절성을 보인다. 즉 어느 회사가 한 세대 제품을 개발하고 생산하는 데 앞섰다고 해서 그 기업이 다음 세대에서도 반드시 그런 건 아니라는 뜻이다. 세대마다 필요한 기술 수준이 현격하게 다르기 때문이다. 따라서 새 제품을 개발하기 위해서는 기존 연구인력과 생산 설비가 아닌 새로운 별도의 팀과 생산 설비를 갖추어야 한다. 예를 들어 삼성전자의 경우 4M 디램은 기흥 4라인 공장에서, 16M 디램은 기흥 5라인 공장에서 생산했으며, 두 제품에 대해 별도의 개발팀을 두었다.

디램 분야는 기술력과 투자 여부에 따라 후발 기업이 선발 기업을 따라잡기 쉽다. 실제로 디램 분야에서 삼성은 1986년까지도 세계 7대 기업에 들지 못했으나 1987년에는 7위, 1990년에는 2위를 차지했으며 1992년 이후 현재까지 1위를 유지하고 있다.

같은 이유로 선발 기업이 계속 선두 자리를 지키기도 힘들다. 1987년부터 1위였던 도시바는 1991년을 마지막으로 1992년 3위, 1995년에는 6위로 떨어졌다. 이처럼 1위가 되기보다 1위 자리를 지키는 것이 더 어려운 것이 디램 분야다. 세계가 삼성의 성과에 놀라고 주목하는 것은 삼성이 디램에서 1위에 올라섰기 때문이 아니라 10년 넘게 그 자리를 고수하고 있었기 때문이다.

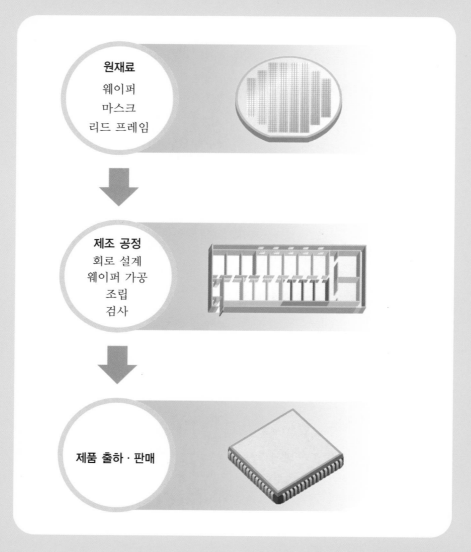

원재료
웨이퍼
마스크
리드 프레임

제조 공정
회로 설계
웨이퍼 가공
조립
검사

제품 출하 · 판매

우리가 보통 반도체라고 부르는 것은 정확하게 말하면 웨이퍼를 가공하여 고직접회로로 만든 반도체칩이다. 반도체칩을 만들기 위해서는 먼저 원재료인 실리콘 웨이퍼를 만든다.

그런 후 웨이퍼 위에 설계된 집적회로의 회로도를 옮겨 그리고, 칩의 기능을 부여하는 공정과 각 회로를 이어주는 배선 작업을 하면 칩의 원형이 완성된다. 웨이퍼 위에 만들어진 각각의 칩을 잘라낸 뒤 칩의 안팎을 이어주는 단자를 만들고 합성수지로 둘러싸면 우리가 흔히 보는 지네발이 달린 반도체칩이 된다. 이 과정을 자세히 알아보자.

① 원재료 만들기

❶ 실리콘 웨이퍼

실리콘의 우리말 이름은 규소다. 규소는 모래에 많이 들어있는 물질인데 반도체 원료로 쓰기 위해서는 정제하는 과정이 필요하다. 먼저 실리콘을 뜨거운 열로 녹여 고순도의 실리콘 용융액으로 만들고 이것을 균일한 둥근 막대기 모양의 단결정으로 식힌다.

이 원통형 실리콘 봉을 감자칩처럼 얇게 잘라내 한 면을 거울처럼 반짝이게 갈아낸 것이 바로 반도체칩의 원료인 실리콘 웨이퍼다.

칩이 새겨진 실리콘 기판은 얇은 판에 그물무늬가 있는 것이 마치 서양 과자 웨이퍼와 비슷해서 '실리콘 웨이퍼'란 이름이 붙었다. 웨이퍼는 그물무늬가 있는 틀에 반죽을 부어 얇게 구운 과자인데 아이스크림콘의 과자 껍질로 주로 쓰인다.

재미있는 사실은 일본 사람들은 웨이퍼를 '웨하' 또는 '웨하스'라고 부른다는 것이다. 아이들이 좋아하는 '웨하스'란 과자는 이 서양 과자 웨이퍼의 변형인 셈인데, 일본 사람들은 웨이퍼를 웨하스로 발음했다. 그래서 반도체 재료인 실리콘 웨이퍼를 한때 실리콘 웨하스로 부른 적이 있다.

실리콘 봉의 지름이 웨이퍼 크기를 나타낸다. 이전에는 이 크기를 인치로 표시했으나 최근에는 밀리미터(mm) 단위를 쓰며, 반도체 공정 기술이 발전하면서 점차 웨이퍼가 커지고 있다.

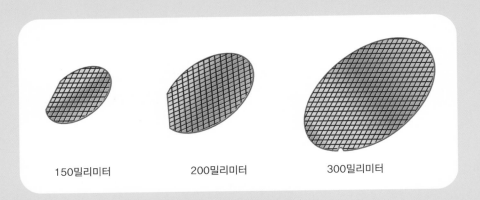

| 150밀리미터 | 200밀리미터 | 300밀리미터 |

웨이퍼의 단위

캐리어(Carrier) : 웨이퍼를 담는 용기로, 25장을 넣을 수 있는 홈이 있다. 재질에 따라 청색, 백색, 흑색, 금속 캐리어 등으로 나뉜다.

런(Run) : 가공을 위해 웨이퍼 25장을 하나로 묶은 것이다.

로트(Lot) : 웨이퍼 한 묶음.

◀ 웨이퍼

* 웨이퍼 부분 명칭

• 칩(Chip), 다이(Die)
전기로 속에서 가공된 전자 회로
가 들어 있는 아주 작고 얇은 사
각형 반도체 조각.

• 절단선(Scribe Line)
웨이퍼를 각각의 칩으로 나누기 위해
절단하는 영역.

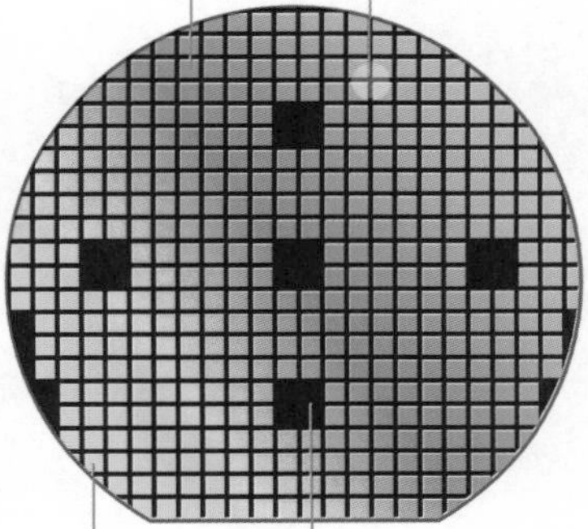

• TEG(Test Elements Group)
공정 중에 품질을 테스트할 수 있도록
웨이퍼마다 만들어놓은 특이한 패턴의 칩.

• 외곽 다이(Edge Die)
웨이퍼 가장자리에 있는 미
완성 칩. 이것은 버릴 수밖
에 없는데, 작은 직경의 웨
이퍼일수록 전체 칩에서 차
지하는 비율이 커지므로 큰
직경의 웨이퍼를 이용하여
반도체를 생산하는 것이 유
리하다.

• 플랫존(Flat Zone)
웨이퍼의 결정 구조는 육안으로 못 보
기 때문에 웨이퍼 구조를 구별할 수
있도록 결정에 기본을 두고 만든 영
역. 이 영역을 기준으로 수직과 수평
의 절단선을 형성한다.

• 회로 설계
캐드(CAD) 시스템을 사용하여 전자 회로를 설계한다.

• 마스크 제작
전자빔 설비를 이용해 설계된 회로 패턴을 유리판 위에
그려넣어 마스크를 만든다.

❷ 마스크(Mask)

웨이퍼 위에 만들어질 회로 패턴을 각 층별로 유리판 위에 그려놓은 것이
다. 사진 공정 때 스테퍼(Stepper, 반도체 회로 패턴 인쇄용 카메라)의 사진 원판으
로 사용한다. 웨이퍼를 가공하여 반도체를 만드는 과정에서 물론 일차적인 작

업은 원하는 전자 회로의 패턴을 설계하는 것이다. 마스크는 이렇게 설계된 집적회로의 패턴을 유리판 위에 그려서 만든 것이다. 마스크는 설계도를 웨이퍼에 옮길 때 이용되는데 이 과정은 판화와 사진 찍기를 합쳐놓은 것과 비슷하다. 말하자면 웨이퍼는 판화의 재료판, 예를 들어 고무판이나 목판이 되고 마스크는 판화로 찍어낼 그림을 그린 원판 그림에 해당한다. 복잡한 회로를 한 평면에 다 나타낼 수 없으므로 전체 회로 패턴을 여러 층으로 잘라서 각각에 대한 마스크를 제작한다.

❸ 리드 프레임(Lead Frame)

조립 공정 때 칩을 올려놓는 구리 구조물이다. 매우 가는 금선(金線)으로 칩과 연결하여 집적회로칩이 외부와 전기 신호를 주고받을 수 있도록 만들어준다.

② 웨이퍼 가공

웨이퍼에 제대로 회로 패턴을 옮겨 그리기 위해서 약간의 화학 공정을 거친다. 먼저 아주 높은 온도(섭씨 800~1200도)에서 산소와 화학 반응을 시켜 웨이퍼 표면에 얇고 균일한 실리콘 산화막을 형성한다. 회로 패턴을 옮기는 과정은 사진을 찍어서 뽑는 것과 비슷하다.

집적회로는 매우 복잡하기 때문에 이 과정을 여러 차례 반복해야 원하는 설계 회로를 제대로 웨이퍼에 옮길 수 있다. 옮겨진 회로 패턴에 이온 주입과 증착 공정을 거쳐 전자 소자의 기능을 부여하고 알루미늄 선을 연결하는 고정을 거치면 반도체칩이 1차 만들어진다. 우리가 흔히 반도체 관련 책자에서 보는, 네모칸이 촘촘하게 그려진 웨이퍼가 바로 이 상태다.

사진 공정

• 감광액 도포
먼저 웨이퍼에 빛에 민감하게
반응하는 물질을 고르게 발라
웨이퍼 표면을 마치 카메라
필름과 같은 상태로 만든다.

• 노광
웨이퍼 위에 마스크를 놓고
빛을 쪼여주면 회로 패턴을
통과한 빛이 웨이퍼에 회로
패턴을 그대로 옮긴다.

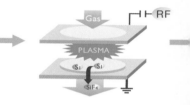

• 식각(Etching)
회로 패턴을 형성하기 위
해 불필요한 부분을 제거
한다.

• 현상
여기에 필름을 인화할 때와
같은 화학 처리를 해주면 웨
이퍼에 사진 필름과 같이 회
로 패턴이 그려진다.

• 세정

웨이퍼의 오염을 제거한다. 제조라
인의 청정도가 수율을 크게 좌우하
므로 매우 중요한 과정이다.

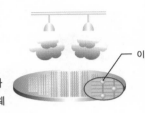

이온

• 이온 주입

회로 패턴과 연결된 부분에 미세한 가
스 입자 형태의 불순물을 주입한다. 웨
이퍼 내부에 침투한 불순물은 전자 소
자의 특성을 가지도록 만들어준다.

• 확산

섭씨 800~1,200도의 고온에서 산소를
웨이퍼 표면과 화학 반응시켜 얇고 균일
한 실리콘 산화막을 형성한다. 이 공정을
'산화'라고도 한다.

박막 공정

• 금속막 증착

웨이퍼 표면에 형성된 각 회로
를 연결해주는 알루미늄 배선
을 만들어준다.

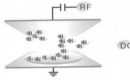

• 화학 기상 증착

가스 사이의 화학 반응으로 형성된 입자들을 웨이퍼 표면에 증착
하여 절연막이나 전도성막을 형성한다.

③ 조립

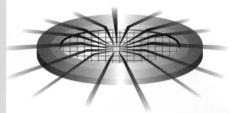

• EDS(Electrical Die Sorting) 테스트
웨이퍼에 형성된 집적회로칩들의 전기적 동작 여부
를 컴퓨터로 검사하여 불량품을 찾는다. 전기 신호
가 입력되는 검사기 내에서 웨이퍼가 집적회로칩
단위로 자동으로 이동하면서 검사한다.

▼ 조립 공정 과정

• 웨이퍼 절단
레이저나 공업용 다이아몬드
톱으로 웨이퍼를 집적회로칩
단위로 자른다.

• 칩 접착
절단된 집적회로칩 중 EDS 테스트를 통과한 정상
적인 칩만 리드 프레임 위에 하나씩 올려놓는다.

이제 웨이퍼에 만들어진 수십, 수백 개의 칩을 일일이 검사하여 불량품을 골라낸 후 잘라서 포장하는 일만 남았다. 칩을 정교하게 잘라내기 위해서는 레이저나 다이아몬드톱을 사용한다.

잘라낸 칩은 리드 프레임 위에 놓고 금으로 만든 가는 선으로 칩의 내부 단자와 리드 프레임을 연결해준다. 마지막으로 연결 부분을 보호하기 위해 화학 수지로 전체 칩을 싼 뒤 회사명과 제품명을 써넣는 작업을 거치면 반도체칩이 완성된다.

▲ 제품 검사 과정

• 성형
집적회로칩, 리드 프레임, 연결 금선 등을 보호하기 위해 화학 수지로 밀봉한다. 우리가 흔히 볼 수 있는 반도체의 검은 몸통이 바로 이 화학 수지다.

• 금선 연결(Wire Bonding)
집적회로칩 내부의 외부 연결 단자와 리드 프레임을 매우 가는 금선(金線)으로 연결한다.

3
Semiconductor

한국 반도체 산업이
걸어온 길

　우리나라는 미국 반도체 기업과 합작 회사를 설립하면서 반도체 제조 기술을 처음 접했다. 그 최초의 기업은 1965년에 미국 중소 반도체 기업인 고미(Komy)가 간단한 트랜지스터 생산을 위해 설립한 합작회사였다. 그러나 이 기업은 별다른 주목을 받지 못했다.

　그러다 1966년 미국의 유수한 반도체 제조업체인 페어차일드가 투자하면서 본격적인 반도체 제조업이 시작되었다. 당시 우리 정부는 수출 증대를 통한 경제 발전 전략을 세웠고, 수출 산업으로서 전자 산업에 관심을 가지고 있었다. 그 때문에 당시 페어차일드가 여러 가지 불리한 조건을 내걸었음에도 불구하고 수용했다. 이 사례가 더 많은 외자를 유치할 수 있으리라 기대했기 때문이다. 그리고 기대대로 1년 이내에 주요 반도체 제조업체인 미국의 모토롤라와 시그네틱스(Signetics), AMD, 일본의 도시바 등 외국 기업의 투자가 이어졌다. 1960년대에는 미국 기업, 1970년대

▲ 한국의 ‘실리콘밸리’인 삼성전자의 기흥사업장.

▲ 초기 삼성전자 부천
사업장 전경.

초부터는 일본 기업의 투자가 많았다.

외국 기업들이 투자한 이유는 간단하다. 우리나라에는 생산비를 줄일 수 있는 값싸고 우수한 노동력이 풍부했기 때문이다. 외국 기업들은 반도체 조립에 필요한 원료와 기기를 외국의 모회사에서 들여와 노동집약적인 조립 공정만 우리나라에서 했다. 그리고 완제품은 거의 전량 모회사로 가져갔다.

외국 기업의 투자 증가와 세계적인 전자 산업의 발전, 그리고 전자 산업과 반도체 산업을 육성하려는 정부의 정책 지원에 힘입어 1970년대 우리나라의 반도체 생산과 수출은 빠른 속도로 증가했다. 1966년에 2,000달러에 불과했던 반도체 생산이 1980년에는 4억 2,000만 달러 규모가 되었다. 1970년에는 국내 자본으로 설립된 '금성사'와 '아남산업'이 반도체 조립을 시작함으로써 반도체 생산량은 더욱 크게 늘어났다. 그러나 이때만 해도 반도체 부품을 대부분 일본에서 수입해야 하는 상황이었다.

정부의 정책

　정부는 대일 무역 적자를 줄이기 위해 1970년대에 다양한 정책을 펼쳤다. 특히 1969년에 제정된 '전자 공업 진흥법'을 기반으로 '전자 공업 진흥 8개년 계획(1969~1976)'을 수립하는 등 전자 공업을 발전시키는 데 주력했다. 사실 1970년대에는 우리나라 기업들도 반도체 산업의 중요성을 인식하여 그 분야에 더 많이 투자하기 시작했다.

　1970년대에 우리나라 전자 산업은 경제 발전을 위한 6대 전략 산업 중 하나로 급성장했다. 1970년대에 우리나라 전자제품 생산량은 불과 10억 달러 규모였고 총수출량에서 전자제품이 차지하는 비중도 6.6퍼센트에 불과했다. 그러나 1979년에는 반도체 생산량이 33억 달러로, 총수출량의 12퍼센트 규모로 커졌다.

▼ 삼성은 1974년 한국 반도체를 인수했다.

　특히 텔레비전과 같은 가전 완제품 수출의 비중이 높아졌는데 정부는 이 여파로 이들 제품에 사용되는 반도체 소자의 수요도 증가하리라고 내다보았다. 하지만 국내에서 생산된 반도체는 기술과 생산량 측면에서 국내 수요를 충족시키지 못했다. 이 때문에 정부와 기업은 반도체를 비롯한 전자부품의 국내 조달에 깊은 관심을 가지게 되었다.

웨이퍼 가공 시작

우리나라에서 처음으로 웨이퍼 가공을 시작한 기업은 1974년에 설립된 한국반도체였다. 그러나 이 회사는 곧 자금난에 빠졌고 공장을 준공한 지 2개월 만인 1974년 12월에 삼성에 인수됨으로써 짧은 역사를 마쳤다.

삼성은 이 회사를 인수한 후 1975년에 전자손목시계용 집적회로칩을 개발한 데 이어 1976년에는 국내 처음으로 트랜지스터 생산도 성공했다. 그리고 부천 공장에 당시로는 최첨단인 3인치 웨이퍼 가공 설비까지 갖추는 등 의욕적으로 사업을 전개했다.

삼성이 한국반도체를 인수한 것은 일차적으로 가전 산업이 발전한 결과였다. 1970년대 중반 이후에는 기업에서도 정부와 마찬가지로 전자 산업, 특히 가전제품을 좀더 수출하기 위해 반도체 산업에 투자하기 시작했다. 우리나라 재벌 계열 가전업체들은 일본 전자업체를 모델로 삼았기 때문에 가전 산업이 발전하자 일본의 예를 따라 수직통합 전략을 채택했다. 수직통합체제란 주요 부품 생산에서 최종 조립까지 완제품 생산에 필요한 모든 과정을 기업 내부에서 포괄하는 방식이다.

기술력과 투자 능력을 고루 갖춘 대기업들이 반도체 산업에 진출함에 따라 1980년대에 이르면 우리나라에는 집적회로와 여러 종류의 웨이퍼를 가공하고 조립할 수 있는 몇 개의 웨이퍼 가공 업체가 생겼다.

그중 금성은 대한전선에서 인수한 대한반도체와 미국의 AT&T를 합작하여 금성반도체를 설립한다. 금성반도체는 반도체, 컴퓨터, 통신 세 영역에서 가전제품에 들어가는 전자 부품을 생산했다. 1979년에는 한국전자가 일본 도시바와 합작 형태로 트랜지스터, 다이오드 등 개별 소자 완제품을 생산하기 시작했다.

이러한 양적인 성장에도 불구하고 이 업체들은 가전제품에 필요한 반도체 생산에만 비중을 두었을 뿐 반도체 산업 자체에는 큰 관심을 두지 않았다. 이 시기의 웨이퍼 가공업체들은 반도체 생산 설비를 확장하거나 반도체에 관한 기술을 개발하고 선진 기술을 도입하는 데 소극적이었던 것이다. 그러나 이 시기에 반도체 기술을 축적하고 세계 반도체 시장의 급속한 변화와 특성을 체험함으로써 1980년대 중반 이후 과감하게 투자할 수 있는 기반이 형성됐다.

한편 1970년대 주요 웨이퍼 가공업체들은 대부분 미국 또는 일

반도체 용량

디램의 기억 용량은 흔히 몇 메가(Mega), 기가(Giga)로 표시된다. 그렇다면 256M 디램에서 256M란 무엇을 말하는가? 256M란 사실 2억 5,600만 비트(bit), 즉 256메가비트(Mb)를 말한다.

잘 알려진 대로 디지털은 0 또는 1의 두 값을 가지는 최소 단위로 이루어진다. 이 최소 단위를 '비트'라고 하고 보통 이것은 소문자 b로 나타낸다. 예를 들어 2비트이면 01, 00, 11, 10의 조합이 가능하다. 대부분의 컴퓨터 시스템에서 영어 알파벳이나 숫자는 8비트 단위로 나타내기 때문에 이를 정보의 기본 단위인 '바이트'라고 하고 보통 대문자 B로 표시한다.

본과 합작한 회사였다. 따라서 그 기업들과 협력 정도에 따라 각 회사의 이후 진로가 달라졌다. AT&T와 의견 충돌로 상대적으로 늦게 투자한 금성반도체는 64K 디램을 독자적으로 개발하려 했으나 결국은 기술을 도입하게 된다. 한국전자는 개별 소자 분야에 특화된 조립 회사로 성장했다. 아남전자 역시 조립 부문에 집중하는 전략을 고수하여 1979년에는 미국에서만 1억 달러의 수출 실적을 올렸고 1982년에는 64K 디램을 생산하기에 이른다.

삼성의 과감한 투자

이런 회사들과 달리 삼성은 일찍부터 최고 경영자의 의지에 따라 반도체 분야에 과감하게 투자하고 독자 기술을 개발하는 노선을 취했다.

삼성의 한국반도체 인수 과정은 이건희 회장이 일찍부터 반도체의 중요성을 인식하고 반도체 산업에 진출하기 위한 기회를 찾고 있었음을 잘 보여준다. 당시에 한국반도체의 부도 위기 소식을 접한 이건희 회장(당시 중앙일보 이사)은 사재를 털어 회사를 인수했다. 이것이 삼성의 초기 사업장인 부천 반도체 공장의 탄생 배경이다.

삼성의 부천 공장은 1974년 당시로서는 웨이퍼 가공 설비 측면에서 최첨단 설비를 갖추고 있었다. 당시 그곳에서 만든 트랜지스터는 그다지 고급 기술이 필요한 것은 아니었지만, 어쨌든 전자손목시계의 국산화를 가능하게 했다. 이 전자손목시계는 "대통

령 박정희"라는 이름이 새겨진 채 한국의 첨단 기술을 자랑하는
물건으로 외국 국빈들에게 선물될 정도였다.

투자의 봇물이 터지다

반도체 사업에 소극적이었던 국내 대기업들은 1983년 이후 연
구개발과 생산 설비에 과감하게 투자하기 시작했다. 일본 기업들
이 반도체 사업에 집중적으로 투자하여 미국에 필적하는 성과를
거두는 것에 자극받았던 것이다. 표2에서 볼 수 있듯이 1970년대
후반부터 일본 기업들은 디램 분야에서 높은 성장세를 보였고,

▼ **표2** 디램 분야 상위 7위 기업들의 초기 변천 과정

순위＼연도	1975	1978	1981	1984	1987	1990	1993	1995
1	인텔	모스텍	모스텍	히다치	도시바	도시바	삼성	삼성
2	텍사스 인스트루먼츠	텍사스 인스트루먼츠	후지쓰	일본전기	일본전기	삼성	히다치	일본전기
3	모스텍(Mostek)	일본전기	일본전기	후지쓰	미쓰비시	일본전기	도시바	히다치
4	일본전기	인텔	히다치	텍사스 인스트루먼츠	텍사스 인스트루먼츠	텍사스 인스트루먼츠	일본전기	현대
5	모토롤라	모토롤라	텍사스 인스트루먼츠	미쓰비시	히다치	히다치	IBM	텍사스 인스트루먼츠
6	페어차일드	후지쓰	내셔널 세미컨덕터	모스텍	후지쓰	후지쓰	텍사스 인스트루먼츠	도시바
7	내셔널 세미컨덕터	히다치	모토롤라	모토롤라	삼성	미쓰비시	미쓰비시	LG

※자료 : Dataquest(해당연도).

1984년에는 디램 분야 상위 3위를 휩쓸었다. 이 여파로 디램을 처음 제품화한 미국의 인텔은 디램을 포기하고 CPU에만 전념하게 되었다.

우리나라 대기업들은 미래 정보사회에서 반도체의 중요성을 인식하고 반도체 기술이 습득하기 어렵다는 사실을 알게 되면서 반도체 사업에 적극적으로 투자하게 되었다. 국내 가전 회사들은 1970년대 내내 수출 주력 상품의 생산에 절대적으로 필요한 반도체를 대부분 일본 기업들에서 공급받았는데 그 과정에서 많은 어려움을 겪었다. 특히 일본 기업들이 반도체에 관한 정보를 거의 주지 않았기 때문에 반도체 기술과 정보를 습득하기 어려웠다.

1980년대 초에는 정부도 반도체 산업의 중요성을 인식하여 육성 방안을 내놓았다. 1970년대에 중화학공업을 비교적 성공적으로 발전시킨 정부는 1980년대에는 전자 산업을 비롯한 6대 분야를 중점적으로 육성하기로 한 것이다.

특히 1982년에는 '전자 산업 육성 방안'을 발표했는데, 반도체 산업은 전자 산업 영역 중 부품 산업으로 선정되었다. 당시만 해도 전자제품에 널리 사용되는 집적회로칩을 대부분 일본에서 수입하고 있었기 때문에 정부는 반도체 기술의 자립 없이는 전자 산업이 발전하기 어렵다고 판단했던 것이다.

반도체 산업 발전을 위한 구체적인 정책은 '반도체 공업 육성 세부 계획'으로 발표되었다. 이 정책에 따라 정부는 첨단 분야의 기반 기술을 위한 연구와 새로운 기술 개발을 위한 상업화 이전 단계의 연구 활동을 지원하기로 했다. 반도체와 같이 국가적인 산업은 국가가 기초 연구를 지원하도록 길을 터놓은 셈이었다.

그러나 막상 1983년에 삼성이 본격적으로 반도체 산업에 뛰어들겠다고 하자 정부 관리들 중에는 비판하는 사람이 많았다. 당시 경제기획원의 한 관리는 "사업성이 떨어지고 돈도 많이 드는 반도체를 왜 하겠다는 말인가. 차라리 신발 산업을 밀어주는 게 낫다."라며 비난하기도 했다. 삼성의 결정에 일본의 반도체 관계자들도 실소를 금치 못했다고 한다. 우리 기업들이 반도체 산업에 막대하게 투자할 수 없고 기술적으로도 성공할 가능성이 낮아 보였기 때문이다.

네가 하면 나도 한다!

삼성이 1983년에 미국, 일본에 이어 64K 디램 개발에 성공하자 반도체 산업에 대한 인식은 크게 달라졌다. 삼성에 뒤이어 금성과 현대가 반도체 산업에 본격적으로 뛰어들었다. 현대는 1980년대 초반까지 사업 중심이 중화학공업이었기 때문에 전자 산업의 경험은 거의 없었다.

그럼에도 불구하고 삼성의 성공에 자극받아 '뛰면서 생각한다'는 기업 문화의 특징을 반영하듯이 1983년에 현대전자를 설립하여 생산 설비에 과감히 투자하고 기술을 도입하고 우수한 인력을 채용하는 등 다방면으로 노력을 기울였다. 1984년에는 256K 디램, 1985년에는 1M 디램 기술을 도입했고, 미국 텍사스 인스트루먼츠의 생산 기술 지원 아래 256K 디램을 주문자상표부착(OEM) 방식으로 생산했다. 비슷한 시기에 금성도 본격적으로 디램 사업에 뛰어들었다. 금성반도체는 당시까지 주로 주문형 반도체를 생산하면서 독자적인 기술을 축적하기 위해 노력하고 있었다.

  기업들이 열성을 보이자 처음에는 회의적이었던 정부 역시 적극적으로 반도체 산업 육성책을 폈다. 1985년 정부는 '반도체 산업 종합 육성 계획'을 새로 발표하고, 이 계획에 따라 기업들에게 반도체 관련 기초 연구비를 대폭 늘려주고 각종 행정 지원을 포함한 간접 지원도 하기 시작했다. 또 정부출연연구소의 반도체 관련 연구비를 늘려주고 여러 대학에서 반도체 설계 관련 연구 사업을 수행하게 함으로써 기술적 성과를 얻는 동시에 이 분야 전문 인력을 키웠다.

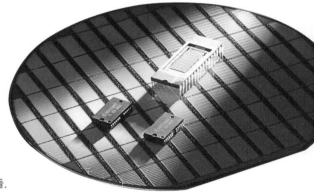

▼ ▶ 삼성이 개발한 반도체 제품들.

반도체 연구조합 참여

이보다 더 적극적인 지원책은 삼성, 현대, 금성이 일본의 초대 규모 집적회로 기술 공동 개발 사례를 벤치마킹해 1985년에 자신들이 설립한 반도체 연구조합과 정부출연연구소의 공동 연구를 제안했을 때 정부가 이를 적극 수용한 것이었다. '단군 이래 최대 국책 사업'이라는 이 연구개발 사업에 정부는 총연구비 1,900억 원 중 600억 원을 지원했다. 이러한 정부의 지원으로 연구조합은 공동 연구를 실현하게 되었다.

그러나 연구개발 사업에 참여한 기업들의 기술력과 반도체 분야에서 입지가 달랐기 때문에 이 사업을 통해 각 기업이 얻은 성과는 달랐다. 그중 당시 업계에서 가장 앞서가던 삼성은 기술보다는 연구개발비를 대폭 줄일 수 있었다.

결국 이 연구개발 사업은 1990년대에 금성과 현대가 세계 주요 디램 기업으로 성장하고 우리나라가 세계 디램 시장점유율 1위를 달성하는 발판이 되었다. 1993년까지만 해도 세계 7대 디램 기업 중 우리나라 기업은 삼성밖에 없었으나 1995년에 이르면 현대와 LG(금성은 1995년에 LG반도체로 이름을 바꿈)도 7위권에 진입했던 것이다. 세계 반도체업계에서 보면 어느 날 갑자기 한국이란 나라가 디램 분야를 석권한 것이다. 골프의 불모지라 여겼던 한국의 여자 골프 선수들이 LPGA 대회에 진출하여 대거 상위권에 랭크된 것과 마찬가지다.

삼성을 특히 주목하는 이유는 단순히 세계 1위 자리를 지키고 있기 때문이 아니다. 삼성은 디램으로 축적한 기술 역량과 실무 경험을 플래시 메모리를 비롯한 다른 메모리 분야와 핸드폰 핵심 기술을 포함한 다른 디지털 기술에 활용하는 데 성공했기 때문이다.

국제전기전자표준협회

국제전기전자표준협회(JEDEC, Joint Electron Device Engineering Council)는 미국 전자공업협회의 하부 조직으로, 제조업체와 사용자 단체가 합동으로 집적회로 같은 전기·전자 제품의 규격을 심의하여 책정하는 기구다. 이 기구에서 책정된 규격이 국제 표준이 되므로 반도체의 전기적 특성, 패키지, 신뢰성 등 반도체 각 분야의 표준 역시 이 협회의 규격이 국제 표준이 된다. 현재 전 세계 약 250개 반도체업체 1,800명의 기술인력이 이 협회에서 활동하고 있다.

반도체에서 표준화가 결정적으로 중요한 것은 제품 규격을 제시한 기업이 출시 초기에 고부가가치를 독점할 수 있기 때문이다. 최근 개발되는 반도체의 경우 기술이 복잡해짐에 따라 한 제품에만 규격이 수백 가지에 이른다.

따라서 일단 국제 표준이 확정된 후 제품 개발을 시작하면 개발에서 양산까지 적어도 1, 2년은 걸리므로 제품의 초기 시장 선점이 거의 불가능하다. 반면 특정 회사 제품이 공식 표준으로 선정되면 그 회사는 초기 시장 선점이라는 과실을 독점하게 된다. 이 시기의 이득은 일반적으로 상품화된 반도체 제품 10억 달러어치를 판매한 것보다 크다고 한다.

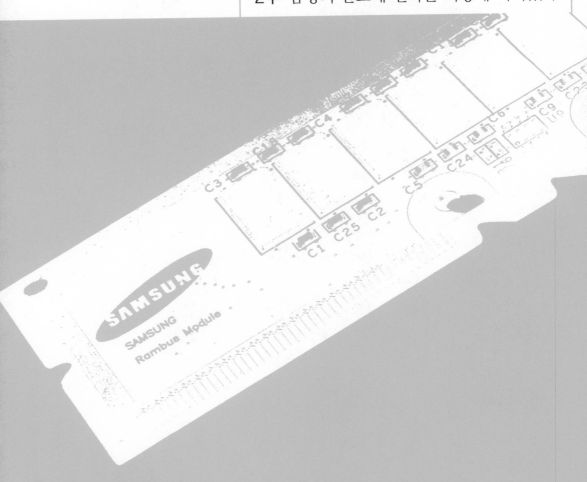

4

신화창조의
시간들

1983년 2월 8일, 당시 삼성의 이병철 회장은 이른바 '도쿄 선언'을 통해 삼성그룹이 반도체 산업에 진출하겠다고 발표했다. 발표 당시 내외부 사람들의 반응은 냉담하거나 회의적이었을 만큼 삼성의 결정은 무모해보였다.

세계가 놀란 도쿄 선언

그러나 도쿄 선언 이전에 삼성은 이미 1년간 반도체 산업에 관해 폭넓고 치밀하게 조사했다. 제2차 오일쇼크가 세계 경제를 강타한 직후인 1982년 초 삼성은 석유가 나지 않는 일본이 타격을 적게 받은 이유가 발달한 첨단 기술 산업 때문임을 깨달았다. 그리고 그 산업의 핵심이 반도체라는 것도 알았다.

반도체 산업에 처음 진출하는 삼성은 먼저 메모리 반도체로 할 것인가 주문형 반도체로 할 것인가를 정해야 했다. 당시 삼성은 가전제품 생산에 필요한 칩을 전량 수입하고 있었고 부천 공장을 통해 축적한 기술력도 메모리 분야는 아니었기 때문에 주문형 반도체를 선택하는 것이 타당해보였다.

그러나 삼성은 메모리 분야를 선택했다. 비록 내부적인 수요도 중요하지만, 반도체 사업 그 자체로 수익을 낼 수 있는 품목을 택해야 한다는 것이 이유였다. 만일에 주문형 반도체 분야에서 충분한 설계 기술과 공정 기술을 확보하지 못한다면, 공장 가동률이 떨어지고 그 결과 계속 재투자할 자금을 확보하지 못하게 될 것이다. 그러면 결국 사업은 중단될 수밖에 없다.

반면 메모리 분야는 비록 미국, 일본 기업과 치열하게 경쟁해야 하지만, 삼성의 강점인 우수한 노동력과 관리 능력을 잘 살린다면 경쟁이 가능하다고 최종적으로 판단했다. 특히 일본 기업들이 미국 기업들과 대등하게 경쟁하는 점에 주목했다.

그 다음에는 디램과 에스램 중 어느 것을 주력 품목으로 할 것인지 결정해야 했다. 처음에는 에스램이 유력해보여 디램은 배제되었다. 에스램은 제품이 다양해 후발업체의 시장 진입이 쉽고 성장세도 높아 주목을 받았다. 그에 비해 디램은 미국과 일본 기업들이 극심한 경쟁을 벌이고 있기 때문에 장차 가격이 급격히 떨어지고 제품의 공급 과잉이 예상되어 후발자가 비집고 들어갈 틈이 없어보였다.

그러나 삼성은 에스램의 시장 규모가 디램의 절반에도 못 미친다는 사실을 확인하고는 디램을 주력 품목으로 선정하였다. 공장 가동률을 유지하고 재투자를 위한 재원을 확보하려면 시장 규모가 중요한 선택 기준이 되었던 것이다.

야심 찬 64K 디램 개발 결정

도쿄 선언에서 사람들을 놀라게 한 것은 삼성의 반도체 산업 진출보다 곧바로 64K 디램 기술 개발에 착수하겠다는 발표였다.

삼성이 당시 64K 디램을 첫 제품으로 선택한 이유는 빠르게 변하는 메모리 기술 속도에 맞춰 최첨단 기술 개발에 바로 도전하겠다는 의지 때문이었다. 선진국이 밟아왔던 단계를 다 거쳐서는 절대로 그들을 따라잡을 수 없기 때문이다. 물론 삼성으로서는 치밀하게 사전 조사한 후 근거 있고 가능성 있다고 판단하여 결정한 것이다. 그러나 당시 우리나라에서는 초대규모 집적회로급 고집적회로 기술에 대한 경험이 전혀 없었기 때문에 이 결정은 마치 기던 아이가 갑자기 달리기를 하겠다는 것처럼 보였다. 즉 너무 무모한 결정 아니면 야심 찬 결정 중 하나로 보였다. 어떤 쪽이 될지 당시로서는 아무도 짐작할 수 없었다.

삼성은 도쿄 선언 후 약 10개월 만인 1983년 12월에 미국, 일본에 이어 세계에서 세 번째로 64K 디램의 독자 개발에 성공해 세계를 놀라게 했다. 이 소식이 발표되었을 때 해외에서는 믿을 수 없는 일이라면서 몇 번이나 확인하는 진풍경이 벌어졌다. 64K 디램 개발이 결코 우연이 아니었음을 증명이라도 하듯, 삼성은 1984년에는 256K 디램, 1986년에는 1M 디램, 1988년에는 4M 디램, 1989년에는 16M 디램을 차례로 개발하면서 선진국과 기술 격차를 조금씩 그리고 꾸준히 줄여나갔다.

▲ 삼성은 도쿄 선언 10개월 만에 64K 디램을 개발해 세계를 놀라게 했다. 사진은 삼성의 반도체연구소 준공식.

64K 디램을 독자적으로 개발했을 때만 해도 삼성과 선진국의 기술 격차는 4년 6개월이었다. 그러나 그 후 9년 만인 1992년에 삼성은 64M 디램을 세계 최초로 개발함으로써 드디어 선진국을 완전히 따라잡았다. 시장점유율 부문에서 삼성은 1987년에 디램 부문에서 처음으로 세계 시장점유율 7위에 오른 이후 1990년에는 2위, 그리고 1992년에는 드디어 1위를 차지했다.

이러한 놀라운 성장을 통해 삼성은 1983년의 도쿄 선언이 결코 무모한 시도가 아니라 야심 찬 결정이었음을 증명했다.

'반도체 신사유람단' 파견

삼성의 도쿄 선언 배경에는 치밀한 현지 조사가 있었다. 삼성에서는 최종 의사 결정을 하기 전에 6명으로 팀을 구성해 미국에 파견했다. '반도체 신사유람단'이라는 별명을 얻은 이 팀은 정보 용역 회사와 함께 대학, 연구소 등을 조사하면서 최신 반도체 기술 정보를 모으는 한편 구체적인 사업 계획서도 작성했다.

출장팀이 가장 큰 충격을 받은 것은 한국에서 생각하던 반도체 산업과 실리콘밸리에서 조사하면서 확인한 반도체 산업 사이의 엄청난 괴리였다. 당시 고집적회로 기술에 대한 경험이 없었던 삼성은 디램을 막연히 기존의 가전제품용 반도체와 비슷한 어떤 것이려니 생각했다. 그러나 조사 결과 생각보다 훨씬 고도의 기술임이 밝혀져 모든 계획을 치밀하게 처음부터 다시 짜야만 했던

왜 우리는 반도체 산업을 해야 하는가

우리나라는 인구가 많고 좁은 국토의 4분의 3이 산지로 덮여 있는 데다 석유, 우라늄 같은 필요한 천연자원 역시 거의 없는 형편이다. 다행히 우리에게는 교육 수준이 높고 근면하고 성실한 인적 자원이 풍부하여 그동안 이 인적 자원을 이용한 저가품의 대량 수출 정책으로 고도성장을 해왔다. 그러나 세계 각국의 장기적인 불황과 보호무역주의의 강화로 대량 수출에 의한 국력 신장도 이제는 한계에 이르게 되었다.

이에 따라 자원이 거의 없는 우리의 자연적 조건에 적합하면서 부가가치가 높고 고도의 기술을 적용한 제품의 개발이 요구되고 있는 상황이다. 삼성은 현재의 어려움을 타개하고 제2의 도약을 기약할 수 있는 유일한 길이라고 확신하여 첨단 반도체 산업을 적극 추진키로 했다.

반도체 산업은 그 자체로서도 성장성이 클 뿐 아니라 타 산업으로의 파급효과도 지대하고 기술·두뇌 집약적인 고부가가치 산업이다. 이러한 반도체 산업을 우리 민족 특유의 강인한 정신력과 창조성을 바탕으로 추진하고자 한다.

「1983년 3월 삼성그룹 발표문」 중에서

것이다.

출장팀이 작성한 보고서
에는 앞으로 5년간의 투자
계획, 시장점유율 목표, 실리
콘밸리에 현지법인 설립 등
반도체 사업에 관한 상세한
계획이 포함되어 있었다. 특
히 미국 시장 개척의 전초지

▲ 삼성은 선진국에 '반
도체 신사유람단'을 파
견해 철저히 사전 조사
를 했다. 사진은 삼성 메
모리 반도체 사업의 전
초지인 미국 현지법인
SSI 전경.

로 연구개발센터와 시험 생산 설비를 갖춘 현지법인을 설립해 첨
단 기술을 확보해야 한다는 내용이 주목할 만하다.

삼성은 반도체 산업 진출을 선언한 지 두 달 만에 현지법인 설
립을 추진했다. 삼성의 이러한 적극적인 움직임에 대해 현지 언
론들은 '황색 침입자'가 나타났다며 견제 심리를 감추지 않았다.

'병렬개발시스템' 실시

짐작할 수 있듯이 삼성이 미미한 후발 주자에서 선두 그룹에
들어가기까지 과정은 결코 순탄하지 않았다. 삼성의 성공은 경영
진과 연구개발팀은 물론이고 생산 공정을 담당하는 현장의 인력
들까지도 반도체에 그룹의 운명이 걸렸다고 생각할 만큼 막대한
투자에 대한 부담감, 전자 왕국으로 군림하는 일본을 한번 이겨
보고 싶은 열망, 그리고 첨단 기술 제품을 생산한다는 자부심으
로 뭉쳐 노력한 결과였다.

삼성은 64K, 256K 디램을 개발하는 과정에서 가장 효과적인 기술 습득과 기술 개발 방법을 찾으려고 모든 수단을 동원했다. 이 과정에서 고안하고 시행했던 기술 경영·기술혁신 방법과 삼성의 고유한 기업 경영 역량과 기업 문화 요소를 최적의 상태로 결합할 수 있었다.

삼성은 아무것도 없었던 1983년에 어떻게 64K 디램을 개발할 수 있었을까? 삼성이 빠른 시간 안에 기술을 습득하기 위해 택했

64K 디램 개발을 위한 행군!

열정과 사명감도 학습에서는 실력 못지않게 중요하다. 삼성은 사업을 시작하기 전에 마이크론에서 기술 연수를 받거나 산호세에 설립한 현지법인에서 기술 개발에 참여할 임직원을 대상으로 각오와 팀워크를 다지는 특별 연수를 실시했다. 연수의 마지막에는 64킬로미터 행군을 했다.

이 행군은 저녁을 먹고 출발하여 무박 2일 동안 계속되었다고 한다. 연수생들은 밤중에 산을 넘어가는 도중에 공동묘지 비석의 '탁본 뜨기'같이 반도체 개발과는 전혀 상관없는 과제들을 수행했다. 이런 과제들은 연수생들이 정신력과 체력으로 버티면서 서로 도와 어려움을 이겨내는 과정이었던 셈이다.

행군 도중 허기진 배를 채우기 위해 꺼낸 도시락에는 디램 개발에 성공해야 하는 이유를 담은 편지 한 통이 있었다고 한다. 행군을 시키는 쪽이나 고된 행군을 하는 쪽이나 비장하기는 마찬가지였던 것이다.

『미래를 설계하는 반도체』(사이언스북스) 중에서

던 것은 '병렬 전략'이었다. 병렬 전략이란 여러 가능성을 동시에 추진하는 것인데, 비용 부담은 크지만 실패할 위험이 적고 시간도 벌 수 있는 방법이다.

일반적으로 후발국이 빠른 시간에 기술 역량을 키우는 길은 선진 기업에서 기술을 도입하거나 역설계하는 방법이다. 기술 도입에는 아예 기술을 구매하거나 기술 연수, 주문자상표부착생산을 통한 학습 방법이 있다. 그러나 기술 도입은 선진 기업이 후발 기업에 기술을 이전해 이익을 얻을 것이 확실할 때만 가능하므로 디램과 같이 경쟁과 견제가 심한 영역에서는 기대하기 어렵다.

역설계란 말 그대로 설계 과정을 거꾸로 밟아가는 것이다. 전자 회로를 예로 들면 완제품을 사다가 분해하여 회로 설계가 어떻게 이루어졌는지를 파악하는 것이다. 후발 기업들은 대부분 선진 제품을 역설계하여 전자제품 관련 초기 기술을 습득했다. 역설계가 직접 개발하는 것보다는 쉽겠지만 역설계를 통해 기술을 습득하는 데는 한계가 있기 때문에 역설계만으로는 똑같은 품질의 제품을 만들어낼 수 없다. 다만 역설계자의 기술 능력이 뛰어나고 경험이 많을수록 역설계 과정에서 기술의 핵심적인 내용을 더 많이 얻어낼 수 있을 뿐이다.

삼성은 기술 격차를 빠른 시간 내에 줄이기 위해서 가능한 한 모든 방법을 동원하는 입체적인 접근 방식을 택했다. 기술 습득 측면에서는 기술 도입, 역설계 방식, 현지법인 연수와 독자 개발을 동시에 진행했다. 삼성은 설계 기술을 도입한 64K 디램의 공정 기술 개발과 동시에 256K 디램 개발 사업도 추진했다. 또 처음 독자 개발을 시도한 256K 디램 개발이 실패할 경우를 대비해 미

국 회사에서 기술 도입을 추진하는 등 복수로 개발 사업을 진행
했다. 그중 가장 성공적인 것을 택하려는 의도였다.

기술 습득 원동력은 '오기'였다

삼성은 64K 디램의 설계 기술만 도입하고 생산 공정 기술은 독
자적으로 개발하고자 했다. 그에 따라 당시 디램 분야를 이끌던
미국과 일본의 대기업에서 설계 기술을 도입하려고 했으나 모두
실패했다. 전통적으로 기술 이전에 인색한 일본 기업이나 일본
기업의 기술 추격으로 고전하던 미국 기업들이 새로운 후발 주자
에게 기술을 이전할 리 없었던 것이다. 결국 삼성이 찾아낸 파트
너는 당시 자금난을 겪고 있던 미국의 마이
크론이었다.

그리하여 당시 삼성전자의 연
구원 6명이 기술 연수를 받기
위해 마이크론에 파견되었다.
이들은 기필코 기술을 배우고
야 말겠다는 의지와 희망을 품
고 미국행 비행기를 탔지만 현지
에서는 그다지 환영받지 못했다. 미
국은 이미 일본의 성장에 몹시 예민해진
상태였기 때문에 미래의 새로운 경쟁자가 반가울 리 없
었던 것이다.

▲ 한국을 세계에서
세 번째 초대규모 집적
회로 기술 보유 국가로
만든 64K 디램.

마이크론이 삼성의 기술 도입 파트너가 된 것은 순전히 당시 자금 문제를 해결하기 위해서였다. 따라서 기술 연수는 어려운 환경에서 더디게 이루어질 수밖에 없었다. 푸대접을 받은 연구원들은 오기가 발동하여 더욱 열심히 기술을 익혔다.

허허벌판에 공장을 세우다

공정 기술 개발과 생산라인 건설 역시 동시에 진행되었다. 한쪽에서 반도체에 대해 학습하는 동안 다른 한쪽에서는 반도체 공장을 지었던 것이다. 반도체 공장 건설은 콘크리트 건물을 짓는 평범한 공사가 아니다. 반도체 장비는 약간의 먼지나 진동에도 오류를 일으킬 만큼 아주 민감하기 때문이다.

이 때문에 당시 선진국들도 반도체 공장을 짓는 데는 18개월 정도 걸렸는데, 이병철 회장은 처음 반도체 공장을 짓는 사람들에게 "6개월 안에 완성하라!"라고 엄명을 내렸다. 디램이 워낙 시간을 다투는 제품이라 선진국을 좇아가는 삼성의 처지로서는 한시가 급했던 것이다.

이런 상황인지라 현장 직원들은 24시간 내내 일하다시피 했다. 9월에 착공했으므로 실제 공장을 짓는 6개월은 가을, 겨울을 지나는 시기였다. 잡초와 잡목이 무성한 허허벌판에 공장을 짓기까지 모든 직원들은 변변히 쉴 곳도 없는 공사현장에서 추운 바람에 맞서 일했다. 이곳에서 일하는 것이 얼마나 힘들었던지 직원들은 기흥 공장 건설 현장을 '아오지 탄광'이라고 부르기도 했다.

한나절 만에 만든 포장도로

공장 건설 과정에서 가장 극적인 사건은 한나절 만에 4킬로미터 포장도로를 만들어낸 것이다. 반도체 핵심 장비인 포토 장비를 미국에서 들여올 때의 일이다. 포토 장비는 광학기계와 정밀기계 장치로 구성되어 진동에 매우 약하므로 특히 옮기고 설치하는 과정에서 흔들리거나 충격을 받지 않도록 주의해야 한다. 운송팀은 김포공항에 도착한 포토 장비를 트럭에 싣고 고속도로를 시속 30킬로미터로 엉금엉금 기다시피 해서 톨게이트에 도착했다.

그 순간 운송팀들은 자기들의 눈을 믿을 수가 없었다. 그날 오전 10시경까지도 비포장도로였던 4킬로미터에 이르는 회사 진입로가 2차선 포장도로로 변해있었던 것이다. 이 민감한 장비를 싣고 비포장도로를 어떻게 지나갈까 노심초사하던 운송팀이었기에 더욱 믿을 수가 없었다. 진동을 걱정한 현장 인부와 직원들이 엄청난 일을 해낸 것이다. 그것은 자신들의 일이 진정 중요하다고 느끼지 않았다면 할 수 없는 일이었다.

이렇듯 최고 경영자와 기술진, 그리고 현장 직원들이 반도체 사업에 회사의 운명이 달렸다는 자각 아래 사명감과 긍지를 가지고 있었던 것이 삼성의 초기 반도체 사업이 성공할 수 있었던 무엇보다 큰 힘이었다.

병렬개발시스템 가동

삼성의 '병렬개발시스템'은 독자적인 기술력을 확보한 선진 기업에서는 생각할 수 없는 일이었지만 그들을 추격하는 처지에 있는 삼성으로서는 택할 수 있는 전략이었다. 이 시스템은 한 기술 단계의 제품을 여러 방법으로 개발하는 것뿐 아니라 기술 단계가 다른 제품을 동시에 개발하는 방식도 포함했다. 예를 들어 한편에서는 64K 디램 개발을 추진하면서 다른 편에서는 다음 단계 제품, 즉 256K 디램 개발에 착수했다.

256K 디램을 개발하기 위해서 삼성은 기술 도입과 독자적 개발을 병행하였다. 현지법인에서는 미국에서 스카우트한 재미 한국인 전문가들을 중심으로 독자적인 설계와 공정 기술을 개발하고 있었다. 그러나 경영진에서는 독자적인 기술 개발의 위험 부담을 줄이려고 외국 기업에서 기술 도입도 함께 추진했던 것이다. 이런 조치는 현지법인의 연구진들에게 의욕과 경쟁의식을 불러일으켰다.

현지법인에서는 부족한 경험과 외부의 견제, 취약한 기반 시설과 같은 악조건 속에서도 1984년에 마침내 256K 디램을 독자적으로 설계하는 데 성공했다. 이로써 삼성은 두 번째 시도에서 독자적인 기술 개발의 기쁨을 맛보게 되었다. 외신들이 믿을 수 없다는 반응을 보인 것은 어쩌면 당연한 일이었다.

▲ 1984년에 개발된 256K 디램.

현지법인은 연구개발의 중심지뿐만 아니라 기술 이전이 쉽지
않은 상황에서 우리나라 엔지니어들이 반도체 설계 기술을 습득

미일반도체협정

　1985년 6월 미국 반도체산업협회가 통상법 301조에 의거해
일본 기업들의 덤핑을 미국 무역대표부에 제소했다. 이 협회는
일본이 자국의 시장은 닫아두고 외국에서는 덤핑을 하는 것은
불공정 행위라는 것이다. 또한 일본의 64K, 256K 디램이 모두
덤핑 판매되었다고 주장했다. 이 제소에는 인텔, AMD 등 큰 반
도체 기업들도 합류했다.

　1985년 말부터 1986년 초에 걸쳐 덤핑 제소에 대한 판정이 줄
줄이 이어졌으며, 그 결과 1986년 9월에 제1차 미일반도체협정
이 조인되었다. 이 협정에 따르면 일본은 자국의 반도체 시장
개방 폭을 확대해야 하고 미국은 일본산 반도체의 덤핑을 막기
위해 가격을 감시할 수 있다.

　협정 이후에도 미국은 자국의 이익을 보호하기 위해 보복 관
세 정책을 폈다. 1987년 4월 이후에도 일본 반도체 시장에서 미
국 점유율이 높아지지 않자 일본산 가전제품에 보복 관세를 매
긴 것이다. 이러한 미국의 강력한 조치는 일본 시장은 물론 세
계 시장에서 일본 기업이 활동하는 데 많은 제약을 가했다.

　그러나 막 반도체 산업에 진입한 삼성에게는 이런 상황이 큰
호재로 작용했다. 세계 최대 시장인 미국에서 삼성의 256K 디램
이 날개 돋친 듯 팔렸기 때문이다.

『외발자전거는 넘어지지 않는다』(하늘출판사) 중에서

하는 현장의 역할도 했다.

256K 디램 양산에서도 삼성은 어려운 선택을 했다. 경험이 있는 4인치 대신 과감하게 6인치 웨이퍼를 선택했던 것이다. 당시 디램 생산에 주로 사용되는 웨이퍼는 4인치짜리였지만 미국과 일본 기업에서는 경쟁력 확보를 위해 6인치 웨이퍼 도입을 검토하고 있었다. 따라서 삼성은 6인치 웨이퍼 채택은 위험해도 발전하기 위해 꼭 필요한 일로 판단했던 것이다.

그때 버티지 않았다면…

삼성에게 256K 디램은 기술 개발 측면뿐만 아니라 수익 측면에서도 중요한 역할을 했다. 세계 시장을 주도하던 일본이 주력 제품을 1M 디램으로 바꾼 후 256K 디램의 수요가 갑자기 커졌기 때문이다. 1986년에 미일반도체협정으로 일본은 미국 수출에 제약을 받기 때문에, 경기가 회복되면서 256K 디램에 대한 신규 수요가 증가했어도 충분히 공급하지 못하는 형편이었다. 그에 따라 256K 디램 가격이 올라가고 그 덕분에 주로 256K 디램을 생산했던 삼성이 그때까지의 투자액을 모두 거두어들일 만큼의 흑자를 기록하게 되었다.

사실 삼성은 64K 디램 생산 이후 디램의 급격한 가격 하락으로 엄청난 손해를 입었으며 이러한 상황은 256K 디램 양산 초기까지 이어졌다. 인텔이 디램 사업을 포기할 정도로 시장 상황이 나빴지만 삼성은 설비 투자를 늘리면서 계속 '버텼다.' 그때 버티지 않았다면 오늘날의 '반도체 왕국' 삼성은 없었을 것이다.

현지법인팀 대 국내팀

원래 삼성은 반도체 기술 개발은 미국 현지법인에서, 제품 양
산은 국내 공장에서 하는 분담 전략을 세웠다. 즉 기술 개발 경험
이 많고 첨단 기술 정보를 수집하기 쉬운 미국 현지법인이 연구
개발을 담당하고, 국내 공장과 연구소에서는 공정 기술을 개발하
고 생산을 담당한다는 것이다. 당시 삼성은 반도체 관련 연구개
발 경험이 짧은 반면 상대적으로 공정 기술 역량이 높고 생산 여
건도 좋았기 때문에 이것은 합리적인 결정이었다.

그런데 1M 디램을 개발할 무렵에는 국내에도 개발팀이 조직되
었다. 미국 기업에서 기술 연수를 받기 힘들었던 점을 생각해서
이번에는 현지법인에 이 팀을 파견해 연수를 받게 했다. 기술 개
발을 언제까지나 현지법인에만 맡겨놓을 수 없다는 판단에 따른
조치였다. 그리하여 입사한 지 3~5년 된 우수한 인재 수십 명이
256K 디램 개발 현장에 파견되었다.

이들은 비록 반도체에 대한 경험은 많지 않았지만 한번 해보겠
다는 열의와 도전 정신만은 대단했다. 파견된 연구원들은 현지법
인의 연구원들과 짝을 지어 상대방을 그림자처럼 따라다니면서
보고 묻고 적기를 계속했다. 저녁에 숙소로 돌아와서는 각자 낮
에 배웠던 내용을 서로 물어보고 가르쳐주면서 정리했다.

귀국한 후 이 연구원들은 기흥사업장의 반도체연구소에서 일

했다. 이들은 현지법인의 전문가들에 비해 경험은 부족했지만 패기가 넘쳐 자신들도 1M 디램 개발에 참여하겠다고 당당하게 주장했다.

결국 삼성은 1985년 하반기에 연구개발비가 2배로 늘어나는 부담을 무릅쓰고 미국 현지법인과 국내 연구팀이 동시에 1M 디램을 개발하기로 결정을 내렸다. 반도체가 극심한 불황을 겪고 있었기 때문에 한 팀도 아니고 두 팀이 동시에 개발을 시작한다는 것은 비용을 비롯해 여러 조건을 고려할 때 상당히 부담스런 결정이었다.

물론 부담을 감수하는 만큼 기대 효과도 컸다. 두 팀이 동시에 개발에 착수하면 연구개발비는 2배로 들겠지만 한 팀만이라도 성공하면 되기 때문에 실패율을 그만큼 줄일 수 있었다. 또 두 팀이 경쟁해서 연구할 경우 연구개발 시간을 단축할 수도 있었다.

당시 미국과 일본은 이미 1M 디램 개발을 끝낸 상태라 우리나라는 빠른 시간 내에 목표를 달성하는 것이 무엇보다 중요했다. 개발비가 많이 들더라도 기술 개발이 성공해야만 궁극적으로는 양산 설비에 들어간 막대한 투자를 회수할 수 있었다. 이미 착공을 시작한 1M 디램 공장 예산이 3,500억 원이나 되었던 것이다.

경쟁에서 이긴 국내팀

1986년에 개발된 1M 디램은 256K 디램과는 차원이 다른 반도체로 평가되었다. 1M 디램은 새끼손가락 손톱의 절반쯤 되는 넓

이의 칩 하나에 100만 개의 트랜지스터를 집어넣은 것과 같다. 256K 디램 개발 경험밖에 없던 국내팀으로서는 쉽지 않은 도전이었다. 그러나 개발에 착수한 지 1년이 채 못 되어 현지법인팀과 국내팀간의 개발 경쟁은 예상을 깨고 국내팀의 성공으로 끝났다. 국내팀이 개발한 제품이 성능 면에서 우수해 양산하기로 결정한 것이다.

이 사건은 국내팀이 성장하는 촉매제가 되었다. 무엇보다 국내팀이 기술적 성취 못지않게 할 수 있다는 자신감을 가지게 된 것이 중요했다. 이러한 자신감을 바탕으로 국내팀은 4M 디램 개발 경쟁에서도 좋은 성과를 거두었다.

4M 디램 개발은 현지법인팀과 국내팀의 또 한 번의 기술 대결이었다. 국내팀의 1M 디램 기술이 채택되었을 때 현지팀 연구원들은 크게 반발했다. 이에 경영진에서는 4M 디램도 복수 개발하기로 결정했던 것이다. 현지법인팀의 반발을 잠재우는 한편 국내팀의 기술 능력을 확실히 검증할 필요가 있었기 때문이다. 따라서 4M 디램 개발에 성공하는 팀이 궁극적으로 이후의 기술 개발의 주도권을 쥐게 될 것은 모두 예상할 수 있었다.

▼ 삼성은 미국 현지법인팀과 국내팀이 동시에 기술을 개발했다. 국내팀이 개발한 1M 디램 첫 출하식 날.

그런데 두 번째 경쟁도 국내팀의 승리로 끝났다. 국내팀은 현지팀보다 먼저 4M 디램을 개발했을 뿐만 아니라 선진국과 기술 격차도 6개월로 단축시켰다.

삼성은 양산 과정에서도 선진국과 격차를
더욱 줄여 선진 기업과 동시에 제품을 시
장에 내놓았다. 결국 1M 디램과 4M 디
램 개발은 삼성의 독자적인 기술 개발
능력이 한 단계 올라가는 분수령이 되었다.

현지법인팀 연구원들은 모두 메모리 반도체 설
계와 공정 부문에서 경험과 실력을 오래 쌓은 40대의 전문가들이
었다. 반면 국내팀 연구원들은 반도체에 막 눈뜬 젊은이들이었다.

이들이 경쟁에서 이길 수 있었던 비결은 무엇이었을까? 국내팀
은 실력과 경험의 한계를 극복하기 위해 기술 개발에만 전력투구
했다. 휴일은 물론 낮밤도 없이 연구에만 매달렸던 것이다. 자신
의 모든 것을 다 건 덕분에 국내팀 연구원들은 결국 경험과 전문
지식 부족이라는 핸디캡을 극복할 수 있었다.

철저히 준비하면 길이 열린다!

1M 디램과 4M 디램 개발은 국내 기술진의 능력과 자신감을 보
여준 사건이었다. 본격적으로 반도체 산업에 뛰어든 지 불과 몇
년 만의 성과였기 때문이다.

이후 16M 디램부터는 복수 개발을 중단하고 전적으로 국내에
서만 개발하게 되었다. 국내 기술진은 16M 디램도 성공적으로 개
발했을 뿐만 아니라 선진국과 비슷한 시기에 개발해 기술 격차를
없앴다.

▼ 삼성은 철저한 정보 수집과 자기 분석으로 세계 반도체 기술을 주도했다. 사진은 삼성의 대표적인 반도체 제품들.

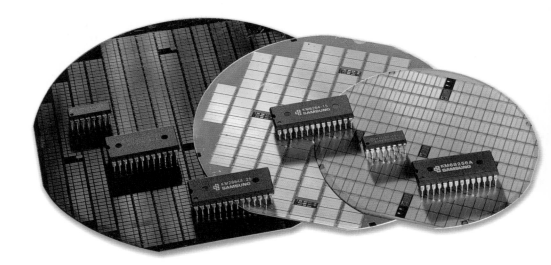

국내팀이 독자적으로 기술 개발을 추진하면서 삼성이 직면한 어려움 중 하나는 중요한 기술적인 결정을 스스로 내려야 한다는 것이었다. 이를 위해 삼성은 세계적인 기술 변화에 대한 정보를 수집해 분석하고 평가하는 한편 자신들의 역량에 대해서도 냉정하게 분석하고 평가하였다. 그 결과 삼성은 이후 디램 개발 기술을 몇 단계 주도할 수 있었다.

예를 들어 1M 디램의 경우 이전 방식을 과감하게 버리고 새로운 조류인 CMOS를 채택했으며 4M 디램에서는 대량생산에 유리한 스택(stack) 방식을 채택했다. 결과적으로 이 두 기술은 16M 디램까지 기술의 주류가 됨으로써 삼성이 다른 기업과 경쟁할 때 유리한 고지를 점령할 수 있게 했다.

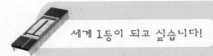

세계 1등이 되고 싶습니다!

반도체 사업 초기에 우리의 젊은 엔지니어들이 밤낮을 잊고 기술 학습과 기술 개발에 몰두하게 된 요인 중에는 '일본을 이기고 세계 1등이 되고 싶다!'는 마음도 있었다.

물론 반도체 사업의 중요성, 기술 개발의 시급성, 막대한 투자에 대한 부담 등도 주요 원인이었지만, 실력 있는 젊은 엔지니어들에게는 전자제품 분야에서 세계를 주름잡는 일본에 대한 경쟁심이 그에 못지않게 큰 이유였다.

이들 중 대표적인 인물이 16M 디램 개발팀을 이끈 진대제 박사(현재 정보통신부 장관)와 256M 디램 개발팀을 이끈 황창규 박사(현재 삼성전자 반도체총괄사장)다.

1985년 서른세 살의 진대제 박사는 일본을 앞지르는 것이 어릴 때부터의 소원이었다며 IBM에 사표를 내고 삼성 현지법인 SSI(1983년에 Tristar Semiconductor Inc.에서 1985년에 Samsung Semiconductor Inc.로 개편)로 옮겼다. 그는 결국 어릴 때 다짐대로 16M 디램을 일본보다 먼저 개발하고 생산해냈다.

1988년에는 미국 스탠퍼드대학교 연구원이었던 황창규 박사가 한국을 세계 1위의 반도체 국가로 만들겠다는 포부를 안고 삼성에 들어왔다. 황 박사 역시 일본에 앞서 256M 디램을 성공적으로 개발했다.

적어도 디램 분야에서만큼은 일본을 훨씬 앞지른 지금, 당시의 비장한 각오와 다짐은 즐거운 추억거리가 되었다.

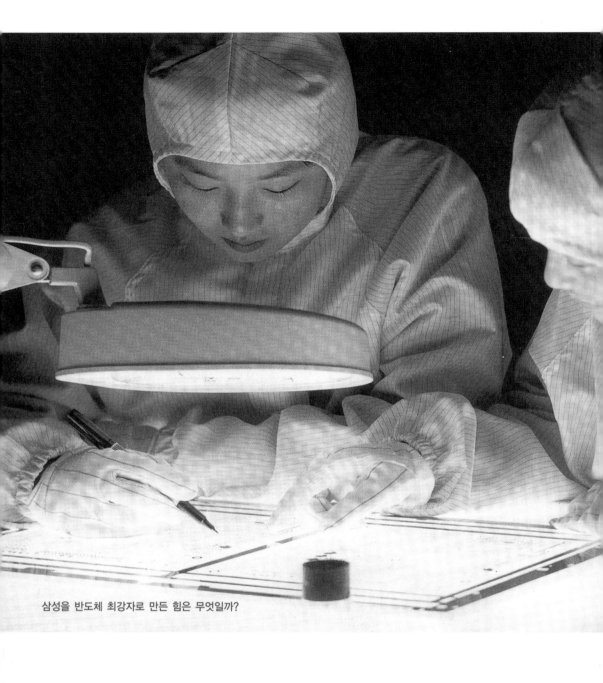

삼성을 반도체 최강자로 만든 힘은 무엇일까?

5

S e m i c o n d u c t o r

삼성을
반도체 최강자로
이끈 힘 I

　후발 주자인 삼성이 선진국 따라잡기에 성공한 비결은 무엇일
까? 최고 경영진의 통찰력 있는 판단과 우수한 경영 능력? 기업의
천문학적인 투자와 일시적 적자 상황을 버티게 하는 자금 동원
능력? 기업의 기술 도입 능력과 우수한 인력 스카우트 능력? 사원
들의 기술 학습 능력? 삼성의 성공은 이 모든 요소가 어우러져 시
너지 효과를 낸 결과였다.

　일본과 미국 등 경쟁 기업의 상황, 국내외 경기 상황, 우리나라
를 비롯한 각국의 관련 정책 등 외부 상황도 삼성의 선진국 따라
잡기에 큰 영향을 주었다. 외부 상황 중에는 기업이 미리 짐작할
수 있는 것도 있지만 예견하기 힘든 것도 있다. 예를 들면 미일반
도체협정은 결과적으로 삼성에게 좋은 기회를 주었지만 삼성이
이 상황을 예견하고 256K 디램을 계속 생산했던 것은 아니다.

　외부 환경 변화를 기업에 긍정적이고 효과적으로 활용하는 것
역시 기업의 중요한 능력 중 하나다. 만일 자신에게 유리한 어떤

외부 환경의 변화가 일어났더라도 기업이 그 기회를 붙잡아 적극 활용하지 못한다면 기회는 그냥 지나가버리기 때문이다. 또한 기업이 불확실하고 어려운 상황에서 중요한 선택을 할 때 그것이 결과적으로 최선의 선택이 되도록 기업 안팎의 환경을 만들어나가는 능력도 필요하다.

노벨상 수상자인 영국의 물리학자 러더포드(Ernest Rutherford)는 "선생님께서는 운이 좋으신 것 같습니다. 물리학에서 큰 변화의 물결이 일어날 때마다 그 맨 앞에 계셨으니까요."라는 제자의 말에 이렇게 대답했다고 한다. "그렇지, 운이 좋았지. 그런데 자네 그거 아나? 사실은 그 물결을 내가 만든 것이라는 거?" 삼성의 경우도 경영상의 특징적인 몇 가지 요소를 통해 기업의 내부 역량을 강화한 것은 물론 외부의 환경 변화도 자신들에게 유리하도록 적극 활용했다.

삼성만의 병렬개발시스템

삼성은 선진국을 빨리 따라잡기 위하여 '병렬개발시스템'을 성공적으로 수행하였다. 사실 이 시스템은 반도체 회사들이 일반적으로 채택하고 있기 때문에 삼성만의 독특한 시스템이라고 할 수는 없다. 다만 삼성은 복잡한 기술 개발 과정을 병렬개발시스템으로 추진하고 관리하는 기술 경영 능력이 탁월했다는 점이 다르다. 병렬개발시스템은 일차적으로, 짧은 시간에 선진국 기술을 따라잡아 기술 개발과 양산체제를 동시에 갖추려고 고안되었다. 삼성은 이 시스템을 적절히 변형시켜 세계 1위 반도체업체가 된 지금도 여전히 실행하고 있으며 그 과정에서 얻은 경영 노하우를 다른 부문에도 적용하고 있다.

삼성은 신제품을 개발할 때 세 형태의 병렬개발시스템을 운영했다. 첫 번째는 신제품 개발팀을 동시에 여러 개 운영한 것이다. 예를 들면 1M, 4M, 16M 개발팀을 동시에 운영하여 한 팀은 대량생산 노하우를 개발하고, 다른 한 팀은 기본적인 공정 기술을 개발하고, 나머지 한 팀은 신제품의 기본적인 개념을 정립했다.

두 번째 유형은 앞서 본 대로 실리콘밸리의 현지법인과 국내 연구팀에서 같은 제품을 동시에 개발하는 것이다. 두 연구팀은 서로 돕고 정보를 나누기도 하지만 경쟁적으로 신제품을 개발했다. 256K 디램에서 4M 디램까지 모두 이 방식으로 개발되었다. 이 방식은 비용이 많이 들었지만 개발 초기 단계에서 성공의 불확실성을 줄이고 국내 기술진이 효과적으로 기술을 배우도록 도왔음은 두말할 필요가 없다.

세 번째 유형은 신제품 개발과 대량생산라인 건설을 병렬적으

▼ 표3 삼성의 병렬개발시스템 사례

제품 \ 내용	개발 완료	양산 준비 착수
64K	1983년 11월	1983년 9월
256K	1984년 10월	1984년 8월
1M	1986년 7월	1987년 8월
4M	1988년 2월	1988년 10월
16M	1990년 7월	1989년 4월

※자료 : 삼성전자.

로 추진하는 것이다. 특히 64K 디램과 256K 디램 같은 초기 제품 단계에서는 기본적으로 기술 개발은 현지법인에서, 생산은 국내 공장에서 한다는 분업 전략 아래 움직였기 때문에 시스템의 효과가 두드러졌다. 즉 '연구개발은 연구개발이고, 생산은 생산이다'라는 기치 아래 대량생산을 위한 공정 기술의 개발이 끝나기도 전에 먼저 생산라인의 건설을 시작하는 것이다. 이러한 세 유형의 병렬개발시스템을 요약한 것이 앞의 표3이다.

적절한 기술 선택

삼성의 또 다른 성공 요인은 기술적 고비에서 적절한 선택을 했다는 점이다. 기존 기술을 버리고 새로운 기술을 선택하는 것은 일종의 모험이다. 새로운 기술을 습득하고 설비를 교체하는 데 드는 비용을 제외하더라도 그 기술이 과연 오랫동안 주류가 될 것인지, 엔지니어들이 그 기술을 성공적으로 학습할 수 있을지 등을 확신할 수 없기 때문이다. 반도체 산업에 뛰어든 후 삼성은 상반되는 기술 중 어느 하나를 계속 선택해왔고 최선의 것을 찾으려고 고심하는 등 성공적인 결과를 이끌어내려고 끊임없이 노력하였다.

사실 삼성은 반도체 산업에 진출할 때부터 이미 기술 선택을 했다. 메모리 반도체와 주문형 반도체 중에서 메모리 반도체를, 디램과 에스램 중에서 디램을 각각 선택하지 않았는가. 이때의 기술 선택의 기준은 후발 주자인 일본 기업들이 미국과 경쟁하고 있는 기술이 어떤 것이냐였다. 삼성은 자신들의 강점인 우수한 인력 확보와 관리 능력을 잘 살린다면 일본과 마찬가지로 선발 기업을 따라잡을 수 있다고 판단했던 것이다.

반도체 사업의 경험이 전혀 없는 삼성이 성공적으로 64K 디램을 생산한 것은 그 자체로 하나의 사건이었다. 삼성은

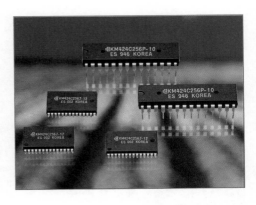

▲ 1M 비디오 램.

256K 디램을 개발하면서는 선진국과 기술 격차를 줄이려고 더 공격적이고 야심 찬 기술 선택을 했다. 256K 디램의 경우 기존의 4인치 웨이퍼에서 5인치 웨이퍼를 거치지 않고 곧바로 6인치 웨이퍼를 사용하기로 결정한 것이다.

당시 미국과 일본 기업들은 대부분 5인치 웨이퍼를 쓰면서 6인치 웨이퍼 사용을 신중하게 검토하고 있었다. 6인치 웨이퍼를 쓰는 기업은 일본전기, 인텔, 내셔널 세미컨덕터밖에 없었다. 이런 상황에서 간신히 4인치 웨이퍼 사용 기술을 익힌 삼성이 5인치 웨이퍼를 건너뛰고 6인치 웨이퍼에 바로 도전한 것이다. 삼성은 남들이 밟은 길을 다 밟고 가다가는 절대로 그들과 나란히 갈 수 없다고 판단했기 때문이다.

불과 1인치, 즉 2.5센티미터 차이를 두고 반도체업체들은 왜 그렇게 많이 고민하는가? 웨이퍼 크기는 반도체 생산량과 직결되기 때문이다. 동그란 웨이퍼를 작게 잘라서 반도체를 만들기 때문에 웨이퍼 지름이 클수록 한번에 많은 반도체를 생산할 수 있다. 웨이퍼 면적은 반지름의 제곱에 비례하므로 6인치의 면적은 4인치

▲ 6인치 웨이퍼를 도입
한 2라인 준공식.

의 2배가 넘는다. 64K 디램을 기준으로 하면, 4인치 웨이퍼에서는 40~50개를 만들 수 있는데 6인치 웨이퍼로는 100개 이상 만들 수 있다는 말이다.

이렇게 양만 생각하면 웨이퍼가 클수록 좋다. 그러나 실제로 큰 웨이퍼를 이용해 반도체를 생산하는 것은 쉽지 않다. 5인치 웨이퍼와 6인치 웨이퍼는 단순한 1인치 차이가 아닌 것이다.

삼성은 새롭게 기술을 익히고 새로운 장비를 구입해야 함에도 불구하고 난상토론 끝에 6인치 웨이퍼를 쓰기로 결정했다. 반도체 산업은 시간을 다투는 분야라 6인치 웨이퍼를 빨리 도입하는 것이 본전을 뽑고 경쟁력도 키우는 최선책이라고 판단했기 때문이다. 이때가 64K 디램 생산라인이 착공된 지 두 달째인 1983년 11월이었다. 아직 64K 디램도 생산해본 적 없는 상태에서 삼성은 256K 디램의 생산 설비를 결정했던 것이다. 한편 이러한 결정의 성공 관건은 엔지니어들이 장비를 구하고 기술을 익히는 어려움을 얼마나 잘 극복하느냐에 달려있다.

남보다 한발 앞서기

과감한 결정 뒤엔 적지 않은 투자가 이어져야 했다. 삼성은 새로운 장비를 좀더 빨리 설치하기 위하여 항공편을 이용했다. 운송비를 비싸게 물었던 셈이다. 다른 한편으로는 새로운 장비 운용 기술을 익히도록 다수의 현장 기술자들을 해외 장비 회사로 파견했다. 그 결과 삼성의 6인치 웨이퍼 도입 결정은 성공적이었다. 256K 디램은 안정적으로 생산되었고 때마침 그 수요가 급격히 올라가 유일한 공급자였던 삼성은 큰 성과를 얻을 수 있었다.

1M 디램 개발 시기는 기술 주류가 NMOS에서 CMOS로 이행하는 과정이었다. 삼성은 64K, 256K에서 NMOS를 채택하였다. 이 기술을 토대로 1M 디램도 설계했다. 그러나 한편에서는 CMOS 기술을 채택해야 한다고 주장해 오랫동안 격론이 벌어졌다. 논쟁이 너무 격렬하여 기술 개발 활동이 한동안 지연될 정도였다.

6인치 웨이퍼를 선택할 때처럼 이번에도 삼성의 기술 선택 기준은 세계적인 기술 주류가 무엇이냐였다. 결국 CMOS 기술이 최종적으로 선택되었다. 1M 이후 제품인 4M와 16M에서도 CMOS는 주류 기술이어서 삼성은 좀더 앞서갈 수 있었고 선도 기업들을 바짝 뒤쫓을 수 있었다.

미래를 예측한 기술 선택

그런데 삼성은 4M 디램을 개발할 때 심각한 기술 선택 문제에 봉착하였다. 디램 생산 방식에는 웨이퍼에 회로를 쌓는 스택 방식과 웨이퍼를 파고들어 가는 트렌치(trench) 방식이 있다. 당시 미국과 일본 기업의 반 정도가 트렌치 방식을 채택하고 있었는데

이 방식은 기술적으로는 우수하나 대량생산 초기에 수율을 높이는 데 문제가 있었다. 반면 스택 방식은 대량생산에 유리했다.

이렇게 두 방식이 모두 장단점을 가져 삼성은 초기에는 두 방식을 병행했다. 먼저 트렌치 방식에 관한 기술 개발을 시도한 후 스택 방식도 추진하였는데, 두 방식의 기술 개발은 비슷한 시기에 이루어졌다.

그러다 양산을 위해 둘 중 하나를 선택해야 할 상황에 이르렀다. 삼성은 격심한 논의와 심층적인 조사를 거쳐 최종적으로 스택 방식을 선택했다. 다행히 스택 방식이 4M 디램의 기술 주류가 되었고 이후 개발된 16M, 64M 디램에서도 그러했다. 결국 이때의 결정이 삼성이 반도체 선도 기업으로 부상하는 결정타가 되었다.

트렌치 방식을 채택한 기업들은 이 방식의 최대 문제점이었던 수율 문제의 장벽을 넘지 못함으로써 경쟁력이 약해졌다. 스택 방식을 선택한 반면 삼성은 이 시기에 특히 선진 기업에 대해 경쟁력을 갖추게 되었다. 흥미로운 것은 이건희 회장이 기술진의 긴 토론 결과를 토대로 최종 판단을 내렸다는 점이다.

열정적인 최고 경영자들

최고 경영자들의 역할을 빼놓고 삼성의 반도체 신화를 말하기는 힘들다. 이병철 회장은 반도체에 대해 오랫동안 관심을 가졌고 반도체 산업에 진출할 것을 결정했다. 일단 결정한 뒤에는 안팎의 어려운 사정에도 불구하고 지속적으로 투자하고 지원함으로써 삼성의 반도체 산업이 성공할 수 있는 기반을 다졌다.

이병철 회장은 디램과 관련해서는 세세한 사항까지 꼼꼼히 챙긴 것으로 알려져있다. 그는 중요한 시기에는 일주일에 한 번씩

▲ 최고 경영자들의 열정을 제쳐두고 삼성의 반도체 신화를 말하긴 어렵다. 공장 건설 현장을 찾은 고 이병철 회장.

사업 진도를 보고받았고, 사업 계획과 추진 방향을 직접 검토했다. 70세가 넘는 고령에도 불구하고 선정된 공장 부지를 헬리콥터로 시찰했고 반도체가 첨단 기술 상품인 만큼 철저하게 품질 위주가 되어야 한다는 점도 강조했다. 반도체 첫 제품과 두 번째 제품이 출하되었을 때 품질이 만족스럽지 못하다고 모두 폐기하도록 지시한 적이 있는데, 이는 품질의 중요성을 직원들에게 확실하게 심어주기 위한 의도적인 행동이었다.

반도체 산업에 대한 그의 강한 의지는 과감한 투자 결정에서 가장 잘 드러난다. 64K 디램을 개발한 기쁨도 잠시, 삼성은 1984년에서 1985년에 걸친 극심한 '반도체 불황'을 맞게 되었다. 당시 주력 제품이었던 64K 디램을 원가 1달러 30센트에 만들어서 1달러도 받지 못하고 팔아야 했기 때문이다. 이 기간 동안 삼성은 약 1,000억 원의 손실을 감수해야 했다. 그럼에도 불구하고 삼성은 256K 디램과 1M 디램 개발에 계속 투자했다.

이병철 회장이 삼성의 반도체 산업의 초석을 놓았다면 이건희 회장은 그 위에 큰 집을 지어올렸다. 그는 반도체업계의 후발 주

▲ 삼성 '반도체 신화'
의 주역인 이건희 회장.

자 삼성을 불과 30년 만에 최고의 기업으로 성장시킨 장본인이다. 그를 '삼성 경쟁력의 핵심'이라고까지 부르는 것은 투자 결정과 같은 경영 부문 외에 기술 추세를 예측한, 기술 선택을 할 수 있을 정도로 반도체 기술을 아는 최고 경영자이기 때문이다.

4M 디램 개발 당시 삼성에서는 밑으로 파고 내려가는 트렌치 방식과 쌓아올리는 스택 방식 중 어떤 것을 택할 것인지를 놓고 논쟁이 벌어졌는데, 이를 최종적으로 결정한 것이 이 회장이었다. 물론 그는 엔지니어들이 분석한 두 방식의 장단점을 모두 자세히 검토한 후 10년, 20년 후의 반도체 기술 추세를 예측하여 최종적으로 스택 방식을 채택했다. 그의 예측대로 스택 방식의 기술은 15년이 지난 지금까지도 사용되고 있다.

스택 방식의 채택과 더불어 16M 디램 양산에서 세계 최초로 8인치 웨이퍼를 도입한 것 역시 이건희 회장의 결정이었다. 16M 디램은 삼성이 처음으로 선진국과 동일한 시기에 개발한 제품이기 때문에 양산 속도에 따라 선진국을 따라잡을 수도, 그렇지 않을 수도 있었다. 이 절호의 기회를 놓치지 않기 위해 그는 당시 사용하던 6인치 웨이퍼 대신 약 2배의 생산량을 기대할 수 있는 8인치 웨이퍼 도입을 결정했다. 당시 여러 장점에도 불구하고 기술적인 어려움 때문에 세계의 어떤 기업도 선뜻 8인치 웨이퍼를 선택하지 못하는 상황이었다. 따라서 삼성의 이 같은 결정은 세계를 놀라게 했다.

이 회장이 이런 모험적인 선택을 한 것은 반도체 산업의 성패가 타이밍에 있다는 것을 알았기 때문이다. 그래서 착실히 단계를 밟는 편안하고 안전한 길을 버리고 과감하게 남보다 먼저 8인치 웨이퍼를 도입하는 '월반'을 시도했다. 선진국을 따라잡을 수 있을 때 확실히 따라잡자는 생각이었던 것이다.

이 결정은 성공하면 반도체업계에서 삼성의 지위를 확고하게 만들겠지만 실패하면 1조원 이상의 어마어마한 손실에 대한 책임을 져야 하는 모험이기도 했다. 그의 표현대로 하면 '피를 말리는' 고통이 따르는 결정이었지만 결과적으로는 야심 찬 결정이 되었고 과감하게 투자해야만 다른 기업을 앞설 수 있다는 점을 확실하게 보여준 결정이었다. 1993년 8인치 웨이퍼를 이용해 생산한 16M 디램에서 삼성은 일본을 누르고 처음으로 세계 1위 메모리업체로 올라섰기 때문이다.

◀ 4M 디램을 양산한 4라인 기공식. 4M 디램은 스택 방식을 채택한 최초의 제품이다.

최고 경영자의 관심과 의지 그리고 과감한 투자는 삼성이 발전하는 원동력이 되었다. 사진은 반도체 생산라인.

이처럼 이건희 회장이 기술적인 문제에서도 결과적으로 성공적인 결정을 내릴 수 있었던 것은 그가 기술을 이해하는 폭이 넓고 좋은 기술에 대한 안목이 있는 최고 경영자이기 때문이다. 그는 경영자들에게 기술을 강조하고 기술자들에게는 경영을 강조하면서 스스로 역할 모델이 되고 있다. 삼성의 최고 경영자들 가운데 엔지니어 출신이 많은 것은 우연이 아니다.

철저한 현장 학습

후발 주자였던 삼성이 기술력을 빨리 향상시킬 수 있는 방법은 '철저한 학습'밖에 없었다. 초기에 삼성은 기술과 생산 공정을 분리해서 개발했기 때문에 현장에서 기술을 학습하는 것이 특히 중요했다. 디램에서 경쟁력의 핵심은 암묵적 생산 노하우에 달려있었기 때문이다. 삼성의 '11시 미팅'은 바로 이러한 기술 학습의 열띤 현장이었다.

당시 직원들은 11시 이전까지는 각자 맡은 일들을 수행하고 밤 11시 정도에 만나 그날의 성과와 문제에 대해 서로 토론했다. 그뿐만 아니라 다음날 할 일을 종합적으로 조정했다. 신제품을 개발하는 연구인력들은 물론이고 생산 활동에 종사하는 현장인력들도 매일 밤 11시에 만났다. 11시 미팅은 삼성이 디램 사업에 진출한 초기 몇 년 동안 계속되었고, 기술 능력이 어느 정도 축적된 이후에는 밤 9시, 7시로 모임 시간이 점차 빨라졌다.

의심나는 모든 것을 점검하라!

그럼 실제로 현장에서는 기술을 어떻게 학습했을까? 반도체는 생산하는 데 변수들이 많아 까다롭기로 유명하다. 삼성은 문제 해결 위주로 기술을 습득했는데 이 방법은 초기에 단시간에 기술을 확보하는 데 매우 효과적이었다.

처음에 현장 직원들은 사소하게 보이는 수질, 공기, 온도 등이 생산성에 결정적인 영향을 미치는 요인이라는 것을 이해하기가 어려웠다. 생산 공정에서 문제가 발생할 경우 그 원인이 어디에 있는지, 해결 방안은 무엇인지 알아내는 것도 결코 쉽지 않았다. 그래서 그 문제가 발생하면 원인이라고 생각되는 모든 요소들과 공정들을 다 검색하는 방식을 취했다. 정확한 원인을 '콕' 집어 찾아낼 능력이 없는 바에야 의심나는 모든 것을 다 점검하는 것이 안전하다고 생각했던 것이다.

디램 생산에는 수백 개의 공정이 필요하고 각 공정 자체도 매우 복잡하기 때문에 실제로 이 방식으로 문제 해결을 시도할 경우 시간과 인력이 엄청나게 필요하다. 수많은 공정을 일일이 검색하여 의심스러운 부분에 대안을 적용해보는 방식이기 때문이다. 삼성은 큰 문제가 생기면 이를 해결하기 위해 태스크포스팀(Task Force Team)이라는 임시 조직을 결성하였는데, 생산 초기에는 이러한 팀들이 빈번하게 만들어졌다. 그만큼 문제가 많았던 것이다.

이런 해결 방식 덕분에 경험이 없는 초보자들도 전체 공정을 잘 이해할 수 있었다. 특히 엔지니어들은 전체 공정에 대해 깊이

◀ 디램의 핵심 경쟁력
은 암묵적인 생산 노하
우다. 이를 터득하려고
삼성의 연구, 생산 인력
들은 사소한 문제도 그
냥 지나치지 않았다. 사
진은 불량칩 검사 과정.

이해하고 경험을 쌓을 수 있었다. 즉 문제 하나하나를 해결하는
데는 다른 회사들보다 시간과 돈이 더 들었지만 전체적인 디램
기술 학습과 생산 기술 확립에는 더 효과적이었던 것이다.

태스크포스팀 운영

태스크포스팀은 연구 개발은 물론이고 생산 노하우와 대량생
산을 위한 공정상의 구체적인 기술 사양까지도 개발하여 제공하
는 임무를 맡는다. 한마디로 각 제품의 알파부터 오메가까지 모
두 책임지고 개발하는 것이다. 현장의 대량생산팀은 주로 이 팀
에서 개발한 것들을 집행한다.

태스크포스팀은 각 기술 단계의 신제품을 개발하는 동안에만
존재하는 한시적인 조직이지만, 그 기간만큼은 전적인 책임과 권

▶ 삼성은 태스크포스팀이라는 임시 조직을 구성해 제품 개발 과정에서 발생하는 문제를 해결했다.

한을 갖는 매우 강력한 조직이다. 이 팀의 위력은 이 팀의 활동에 대하여 최고 경영자가 깊은 관심을 가짐은 물론이고 필요한 자원들을 충분하게 제공받는다는 점에서도 실감할 수 있다.

태스크포스팀 팀원들은 강력한 리더십을 발휘하는 팀장과 호흡을 맞춰 통상적으로 매우 빡빡한 일정 속에서 휴일도 없이 매일 밤 늦게까지 일했다. 최근에는 신제품 개발에 긴 시간이 걸려 태스크포스팀이 수년간 존재하는 경우도 있다.

태스크포스팀은 매우 신축적으로 운영되었다. 초기에는 전문가 몇 명이 모여 새로 개발하려는 제품과 관련된 기술 동향을 분석하고 신제품의 설계를 구상하며 구체적으로 어떻게 기술 개발을 해나갈 것인지를 논의한다.

즉 신제품의 특성을 분명히 규정하는 것이다. 그 후 공식적인 태스크포스팀이 발족하고 본격적으로 연구진들이 참여하기 시작하며, 제품이 개발되면서 점차 인력이 늘어난다. 즉 설계, 공정 개발, 조립 · 검사 인력 순서로 참여한다. 최근에는 공정 기술 개발이 너무 어렵고 중요해서 공정 개발 인력이 설계 인력에 앞서 참여하기도 한다.

팀원은 미래의 리더로 성장시켜

한편 연구개발부서 인력들이 자신들의 임무를 마친 뒤 철수하면 태스크포스팀에는 점차 생산 기술 전문 인력들이 많아진다. 일단 개발된 제품의 기술적 가능성이 확인되면 태스크포스팀 팀원들은 생산 담당 인력들과 함께 대량생산 기술 개발에 들어간다.

이때 대량생산을 실제로 담당할 인력들로 구성된 또 다른 태스크포스팀이 조직되는데 이 팀원들은 이전 태스크포스팀이 개발한 대량생산 기술들을 익힌다. 이 새로운 태스크포스팀은 실제로 새로운 제품의 대량생산라인을 담당할 조직의 모태가 된다.

태스크포스팀은 기술 개발뿐만 아니라 기술적 안목과 경영 능력을 갖춘 미래의 리더들을 발굴하여 키워내는 역할도 했다. 태스크포스팀의 활동은 단순히 연구개발이나 제품 설계에서 끝나지 않고 최종 생산까지 관장하는, 즉 그 자체가 축소된 하나의 사업과 같기 때문이다.

오늘날 삼성을 대표하는 엔지니어 출신의 스타급 CEO와 CTO 대부분이 태스크포스팀 팀장 출신들이라는 점은 결코 우연이 아니다. 잘 알려진 인물들만 꼽으면 이윤우(256K 디램), 진대제(16M 디램), 권오현(64M 디램), 황창규(256M 디램) 등이 있다.

기술력 향상을 위한 끊임없는 투자

삼성은 초기에는 기술을 도입했다. 그러나 단순히 기술을 구해 오기만 한 것이 아니라 기술 도입을 내부의 기술 능력을 키우는 수단으로 적극적으로 활용했다.

기술 도입을 위해서는 가능한 한 기술을 구매하는 것에 주안점을 두었다. 후발 기업이 기술 도입을 위해 흔히 행하는 방식, 즉 외국인 직접 투자·합작 투자·주문자상표부착생산 또는 세컨드 소싱(second sourcing) 등을 시도하지 않았다는 것이다.

생산라인의 가동률이 낮았던 초기에도 마찬가지였다. 삼성의 목표는 일시적으로 돈을 버는 데 있지 않고 독자적 기술을 축적하여 단시간에 세계의 선두 주자로 올라서는 것이었기 때문이다.

독자적으로 기술을 개발하겠다는 의지는 1990년대에 이루어진 미국 특허 건수에서도 확인할 수 있다. 삼성은 1999년 현재 미국 특허 1,545건으로 세계 4위에 올랐는데 그중 약 3분의 1에 해당하

▶ 초창기 삼성은 '기술 없는 서러움'을 뼈저리게 느꼈다. 그러나 지금은 세계 반도체 기술을 선도하고 있다. 사진은 미국 텍사스 주 오스틴에 있는 삼성전자 반도체 공장 전경.

는 450건이 반도체 관련 특허였다.

현재 삼성은 이러한 독자적인 기술을 바탕으로 반도체 원천 기술 선점과 타업체와의 기술 교류를 확대할 수 있는 유리한 위치에 있다. 기술 도입이 아니면 새로운 기술을 얻기 어려웠던 초창기와 비교하면 격세지감이라 할 만하다. 1986년에 겪었던 뼈아픈 경험도 삼성의 기술 확보 노력에 한몫했다.

'기술 없는 서러움'을 맛보다

1986년 2월, 미국의 텍사스 인스트루먼츠는 일본의 8개 기업과 한국의 삼성에 대해 자기 회사의 특허를 침해했다며 제소했다. 텍사스 인스트루먼츠는 1958년 세계 최초로 반도체 집적회로를 만든 '미국 반도체의 상징'이었다. 그러나 이 회사는 디램 분야에서 맹추격해오는 일본 기업들에 밀려 고전했는데 이 와중에 마침내 '특허 침해'라는 무기를 찾아낸다. 처음에 삼성은 이 회사가 일본 기업을 공격 목표로 삼은 것이고 자신은 곁다리로 낀 것이라고 생각했다. 텍사스 인스트루먼츠가 문제 삼은 특허는 어떤 제품도 피할 수 없는 기본 특허였기 때문이다.

그러나 결과적으로 텍사스 인스트루먼츠에 막대한 기술료를 지불한 것은 일본 기업이 아니라 삼성이었다. 일본 기업들은 텍사스 인스트루먼츠에게 제소당하자 그 회사가 미국에 등록한 일본 기업들의 특허를 훔쳐 쓴다며 맞제소를 했기 때문이다. 반도체 기술이 워낙 복잡하기 때문에 상대방 기술을 자세히 분석하다보면 비슷한 특허가 많이 나온다는 점을 이용한 것이다.

결국 텍사스 인스트루먼츠는 엄청난 소송비를 줄이려고 일본 기업들과 일정액의 기술료를 받고 서로의 기술을 자유롭게 쓸 수 있도록 허용하는 계약, 즉 크로스라이선스를 맺었다. 반면 그런 협상카드가 전혀 없었던 삼성은 텍사스 인스트루먼츠에 막대한 기술료를 배상해야만 했다. 이때 삼성은 '기술 없는 서러움'을 뼈저리게 느꼈다.

그러나 세계 기술을 선도하는 지금 외국 유수 기업과 크로스라이선스 방식으로 기술을 도입하는 일이 많아졌고 외국 기업을 제소하기까지 하니 반도체업계에서 삼성의 달라진 위상을 새삼 실감할 수 있다.

우수한 인력 유치

삼성이 사업 초기에 사람에 대해 투자했을 때 주목할 점은 외국에 있는 한국계 과학기술자들을 적극적으로 스카우트했다는 것이다. 특히 삼성은 미국에 있는 한국계 인력, 즉 미국에서 공부하고 미국 기업에 근무하던 전문가를 뽑는 데 심혈을 기울였다. 우수한 인력들에게는 당시에 연봉 20만 달러를 주었다고 한다. 이들은 주로 현지법인 연구소에서 신제품 개발에 참여했는데, 특히 우리나라 기술진을 훌륭히 연수시켰다.

삼성이 디램 분야에서 선진국을 따라잡을 수 있었던 데는 삼성의 내부적인 노력이 컸다. 정부가 디램 기술 개발과 관련해 대규모로 지원한 것은 삼성이 4M 디램을 개발할 때가 처음이었다. 그러나 그 전후에 정부가 시행한 여러 정책들은 간접적으로 삼성의 반도체 사업에 도움을 주었다.

▲ 삼성은 우수한 인재를 확보하는 데 심혈을 기울였다. 사진은 제1회 반도체 기술대학 졸업식.

정부는 수도권에 첨단 산업 기반을 조성해주었다. 수도권에 공장과 연구소 부지를 허용함으로써 삼성이 반도체 사업에 필요한 우수한 인력을 국내외에서 유치하는 데 도움을 주었다. 또 반도체 공장 운영에 반드시 필요한 용수, 전력 시설 등의 기본 인프라를 구축할 수 있도록 허가해주었다.

그뿐만 아니라 정부는 공공 연구 조직을 육성하여 반도체 산업의 발전을 간접적으로 지원했다. 우선 1986년에 기존의 한국전자기술연구소와 한국전자통신연구소를 현재의 한국전자통신연구원으로 통합했다. 이에 따라 한국전자통신연구원과 한국과학기술원(KAIST) 등 공공 연구 기관에서는 반도체 기술을 개발하기 위해 활발하게 연구하기 시작했다.

또한 정부는 1982년부터 대규모의 특정연구개발사업을 추진했는데, 반도체를 그중 하나로 선정하여 매년 연구비 30억 원을 투자했다. 1986년 이후에는 그 규모가 50억 원 이상으로 늘어났다. 이외에도 정부는 1981년에 이어 1986년에도 반도체 산업을 육성하기 위한 계획을 세우는 노력을 보였다.

6

semiconductor

삼성을
반도체 최강자로
이끈 힘 II

후발 주자였던 삼성은 64K 디램에 도전한 지 불과 10여 년 만에 당시 최첨단 제품이었던 4M 디램과 16M 디램에서 선도 기업을 따라잡는 쾌거를 이룩하였다. 물론 삼성이 이 제품들을 세계 최초로 개발한 것은 아니었다. 비록 제품 개발 시기는 뒤졌지만 양산 기술을 빠르게 개발했기 때문에 삼성은 선도 기업들과 같은 시기에 이 제품들을 시장에 내놓을 수 있었다. 삼성은 당시 선도 기업들과 치열한 경쟁 관계에 있었기 때문에 그들에게서 기술을 지원받기도 어려웠고 실제로 지원받지도 못했다. 삼성은 그야말로 자신의 힘으로 선도 기업을 따라잡았던 것이다.

10년 넘게 세계 1위

삼성은 1992년에 64M 디램을 세계 최초로 개발한 이래 매 2년

◀ 누구도 삼성이 10년 내내 디램 분야에서 1위를 지키리라 믿지 않았다. 사진은 중국 주룽지 총리가 기흥사업장을 방문했을 때 장면.

마다 신제품을 개발하여 삼성 제품이 사실상의 세계 규격이 되어 왔다. 이렇게 10년 넘게 메모리 기술을 선도한 기업은 삼성이 유일하다.

2003년에는 삼성이 반도체 부문에서 세계적 선두 기업으로 자리잡았음을 보여주는 여러 일들이 일어났다. '도쿄 선언'을 선포한 지 21년 만의 일이었다. 반도체를 포함한 2003년 삼성전자의 전체 매출액은 사상 최대인 43조 원을 넘어섰고 이 중 순수익만 5조 9,000억 원에 달했다. 이러한 놀라운 액수를 창출한 주요 품목은 세계 시장점유율 1위를 차지한 메모리 반도체 3형제, 즉 디램, 에스램, 플래시 메모리였다.

세계 반도체 전체 매출액에서 삼성은 2002년 이후 인텔에 이어 세계 2위를 유지하고 있다. 이 중 디램은 1992년부터 2003년까지 12년 연속, 에스램은 1995년부터 2003년까지 9년 연속 세계 시장점유율 1위 자리를 지켰다. 2003년에는 드디어 플래시 메모리 분야에서도 삼성은 반도체 왕국인 인텔을 제치고 1위를 차지하는 기염을 토했다.

무엇보다 플래시 메모리가 세계 1위에 올라선 것은 반도체 시장 전망과 관련해 주목할 만한 성과다. PC 산업의 성장이 느려진 반면, 각종 모바일 장치와 디지털 기기 수요가 증가하면서 플래시 메모리 시장이 급속하게 커지고 있기 때문이다. 이러한 시장 흐름을 간파한 삼성은 플래시 메모리 사업을 꾸준히 확장해왔으며 이 분야에서 '제2의 메모리 신화'를 꿈꾸고 있다.

삼성의 달라진 위상은 2003년 국제전기전자표준협회 행사장에서도 확인되었다. 이 협회에서는 매년 가장 크게 공헌한 엔지니어 한 명을 선정하여 '최우수상'을 주는데, 2003년에는 삼성의 연구원이 수상했던 것이다. 그뿐만 아니라 삼성의 현지법인 엔지니어가 의장에 선출되어 2005년까지 의장직을 수행하게 되었다. 이는 지금까지 삼성이 차세대 디램 표준을 주도한 것을 비롯해 메모리업계 전체에 기여한 공로를 공식적으로 인정받은 것이다. 삼성은 2001년에도 이 협회가 주는 '기술인정상'을 받은 바 있다.

세계적인 선도 기업과 동시에 16M 디램을 시장에 내놓을 때만 해도 그 후 10년간 삼성이 그 분야에서 세계 1위를 굳건히 지킬 것이라고 생각한 사람은 아무도 없었을 것이다. 그러나 삼성은 1992년 8월 일본업체를 제치고 세계에서 맨 처음 64M 디램을 개발한 이래 1994년 8월에는 256M 디램, 1996년 10월에는 1G 디램, 2001년 2월에는 4G 디램 기술을 4세대 연속해서 세계 최초로 개발하였다.

▼ 표4 삼성의 디램 발전 과정

내용 \ 제품	64K	256K	1M	4M	16M	64M	256M	1G	4G
개발 연도	1983년	1984년	1986년	1988년	1989년	1992년	1994년	1996년	2001년
개발 기간	10개월	9개월	15개월	20개월	26개월	26개월	30개월	30개월	30개월
개발비(원)	8억	12억	250억	500억	600억	1,200억	1,700억	2,200억	2,200억
선도 기업과 개발 격차	4.5년	3년	2년	6개월	동일	추월	추월	추월	추월
선폭(마이크로미터)	2.4	1.1	0.7	0.5	0.4	0.35	0.25	0.18	0.10

※자료 : 삼성전자.

▼ 표5 세계 디램업체 매출 순위 추이. 삼성은 1992년 이후 1위 지속.

순위 \ 연도	1991	1996	2001	2003
1	도시바	삼성전자	삼성전자	삼성전자
2	삼성전자	일본전기	마이크론	마이크론
3	일본전기	히타치	하이닉스	인피니온 테크놀로기스
4	히타치	현대전자	인피니온 테크놀로기스	하이닉스
5	텍사스 인스트루먼츠	LG반도체	엘피다	난야 테크놀로지
6	미쓰비시	도시바	도시바	엘피다
7	후지쓰	텍사스 인스트루먼츠	미쓰비시	모젤 바이텔릭
8	마이크론	마이크론	난야 테크놀로지	파워칩 세미컨덕터
9	오키전기	미쓰비시	오키전기	윈본드 일렉트로닉스
10	지멘스	후지쓰	모젤 바이텔릭	프로모스

※자료 : Dataquest(해당연도).

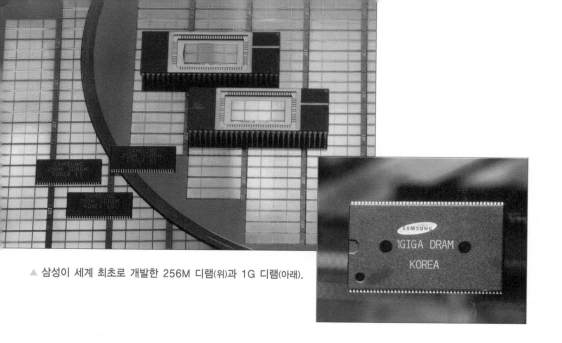

▲ 삼성이 세계 최초로 개발한 256M 디램(위)과 1G 디램(아래).

발상의 전환으로 기술적 어려움 극복

256M 디램 개발에서는 제품 개발 과정에서 발생하는 기술적 어려움을 극복하는 삼성만의 독특한 돌파 방식이 돋보인다. 256M 디램은 설계 선폭이 0.25마이크로미터 수준이어야 했다. 이 것은 삼성에게 커다란 기술적 도전이었다. 그 이전의 16M 디램의 선폭은 0.42마이크로미터, 64M 디램 시제품은 0.35마이크로미터 였는데 거기에서 0.25마이크로미터로 넘어가기에는 삼성의 기술 기반이 취약했던 것이다.

삼성은 우회 전략을 택했다. 선폭 0.25마이크로미터의 256M 디 램으로 개발을 시작한 경쟁 기업과 달리 16M 디램을 개발하면서 선폭 0.25마이크로미터 기술을 확보한 뒤에 이를 이용해 256M 디램을 개발한다는 전략을 세운 것이다. 그 결과 개발한 지 1년 만에 0.28마이크로미터급 16M 디램을 개발할 수 있었다. 그리고 마침내 1994년 8월에 2억 7,000만 개의 셀이 완벽하게 작동하는 256M 디램을 세계 최초로 개발하는 놀라운 성과를 이룩했다. 연구원들의 피땀이 창조적인 기술 개발의 길을 개척한 것이다.

삼성은 이런 기술적 우위를 바탕으로 제품 생산 시기를 주도적으로 결정했다. 1999년부터 양산된 256M 디램은 지난 2003년까지도 반도체 시장을 대표하는 제품이었다. 삼성은 1994년에 256M 디램 기술을 세계 최초로 확보한 상태라서 시장의 수요를 보아가면서 주도적으로 제품 생산을 조절하는 수준까지 이르렀던 것이다. 양산 단계에 이르러서는 기술이 더욱 발전하여 애초에 설계했던 0.25마이크로미터보다도 훨씬 좁은 0.18마이크로미터의 초미세 가공 기술이 사용되었는데, 이는 경쟁 기업보다 1년 앞선 것이었다.

최고의 양산 기술

삼성이 보유한 세계 최고의 양산 기술은 삼성의 반도체 신화를 이룩한 핵심 요소 중 하나다. 사실 삼성은 디램에 관한 한 제품 품질과 생산성 측면에서는 단연 세계 최고 수준이다.

디램의 경우 신제품을 개발할 때 제품 개발 자체뿐만 아니라 생산 공정 개발에도 많은 기술 요소가 요구된다. 예를 들어 삼성은 64M 디램의 양산 기술 개발 과정에서 50개 이상의 새로운 공

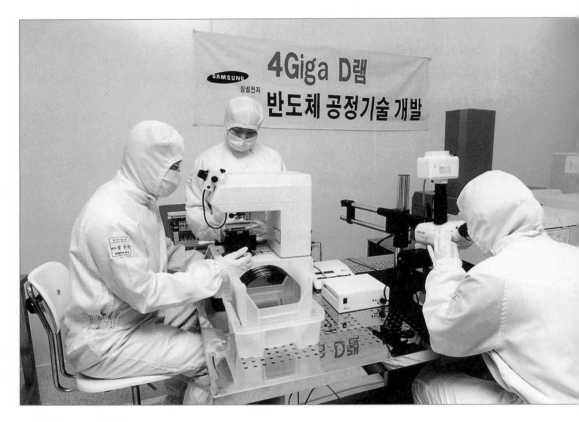

▲ 삼성은 1999년 세계 최초로 4G 디램 공정 기술을 개발했다.

정 기술들을 독자적으로 개발했고 그 결과 256M 디램의 경우 해외 특허 49건을 비롯해 국내외에서 총 129건의 특허를 얻었다. 더욱이 삼성은 1990년대 이후부터 이런 공정 기술 대부분을 어떤 외부의 도움 없이 스스로 개발했다는 점에서 주목받을 만하다.

1G 디램부터 삼성은 회로 선폭을 극도로 좁히는 선폭 경쟁을 주도했다. 선폭 경쟁에서 지속적으로 선두 자리를 차지하고 있다는 것은 삼성의 공정 기술이 세계 최고 수준이라는 사실을 보여 주는 것이다.

삼성이 개발한 디램 기술은 언제나 세계에서 가장 선폭이 좁은 초미세 가공 기술이었다. 1G 디램에서는 선폭 0.18마이크로미터, 4G 디램에서는 0.10마이크로미터를 각각 채택하여 제품 개발에 성공했다. 이어서 2003년에는 회로 선폭 0.007마이크로미터의 4G 플래시 메모리 개발에도 성공했다.

300밀리미터 웨이퍼를 이용하여 높은 수율을 달성한 것도 삼성이 최고 수준의 공정 기술을 보유하고 있음을 보여주는 증거다. 삼성은 이미 1993년에 200밀리미터 웨이퍼 양산라인을 통해 디램 생산을 처음 시작한 바 있다. 2001년 10월에는 드디어 300밀리미터 웨이퍼를 이용한 양산 제품을 출시할 수 있었다. 당시 200밀리미터 웨이퍼와 비교할 때 300밀리미터 웨이퍼는 수율이 20퍼센트 이상 떨어지는 문제점을 안고 있었기 때문에 삼성 외의 다른 기업에서는 시도조차 하지 않았다.

▼ 1G 디램 개발 성공을 발표하고 있는 전 이윤우 반도체총괄사장(왼쪽)과 이종길 전무(오른쪽).

삼성 엔지니어들은 300밀리미터 웨이퍼의 수율 문제를 해결하기 위해 무수히 많은 기술적 아이디어들을 제시하고 논의하였으며 마침내 해결책을 찾았다. 그리고 수년에 걸쳐 시험 생산라인을 통해 새로운 웨이퍼에 들어간 장비를 검토하고 필요한 경우 미리 개발하기도 했다.

이런 준비는 양산 초기부터 생산성을 높임으로써 새로운 라인 설치에 들어간 막대한 투자를 조기에 회수할 수 있도록 했다. 이는 대규모 투자로 인해 발생할

지도 모르는 손실을 최소화하기 위한 사전 조치였다. 이러한 과정을 거쳐 설치된 양산라인이 제품 생산 초기에 골든수율을 기록한 것은 당연하다.

300밀리미터 웨이퍼 도입 초기인 2001년에 이미 삼성은 300밀리미터 웨이퍼와 관련하여 핵심 특허 199건을 확보하고 있었다. 300밀리미터 웨이퍼 시대가 열리자 삼성은 200밀리미터 웨이퍼를 쓸 때보다 생산량이 2배 증가하였는데 이는 고스란히 원가 경쟁력으로 이어졌다. 300밀리미터 웨이퍼 도입의 예는 삼성의 두드러진 특징인 '철저한 효율성, 경제성 위주의 기술혁신' 전략의 한 단면을 잘 보여준다.

위아래 벽 허문 수요공정회의

삼성이 공정 기술에 강점을 가지게 된 배경에는 제조업 기반 기술과 철저한 인력 관리 외에도 공정 기술 개발 당사자들이 자유롭게 난상토론을 벌여 문제를 해결해온 전통이 있었다. 이 난상토론은 1989년 4월부터 매주 수요일 퇴근 시간이 지난 7시에 시작돼 '수요공정회의'라고 했다. 최근 이 회의는 오후 근무 시간으로 옮겨졌고 회의 주제도 공정 기술 문제에 국한되지 않고 기술 개발 전반으로 확대되었다. 1998년 12월에 제400회 회의가 열렸고 이 회의는 현재도 진행 중이다.

수요공정회의는 원래 차세대 신제품 개발을 담당하는 반도체 연구소의 간부진들이 함께 참석하는 회의였다. 이 회의가 시작된

1989년 당시 삼성은 뛰어난 인재들을 확보하려고 다른 국내외 기관에서 다양한 경력의 우수한 인력들을 끌어모았다. 이들은 개성이 강한 만큼 관심 주제와 주제에 대한 견해도 달랐다.

회사 측에선 이들의 견해 차이를 최소한 좁히고 한곳으로 모을 대책이 필요했다. 즉 반도체연구소 임원들 간의 개발 방법이나 방향에 대한 사소한 의견 대립이 심각한 갈등으로 확대되는 것을 예방하거나 최소화하기 위한 새로운 커뮤니케이션의 장이 필요했던 것이다. 물론 이름에서 알 수 있듯이 공정 기술을 사전에 충분히 검토하고 확인하기 위한 목적도 있었다.

시간이 지나면서 이 회의는 발표자, 토론자가 자신의 명예와 자존심을 거는 등 엄격하고 긴장된 분위기에서 진행돼 서로 진지하게 의견을 나누는 시간이 되었다. 특히 격의 없는 난상토론이 벌어져 새로운 아이디어를 발굴하고 냉정하게 전체 흐름을 되짚어보게 했다.

디램의 기술 개발 주도

공정 기술 개발과 더불어 디램 분야에서 삼성의 중요한 기술 기여는 디램의 전송 속도를 높인 디디알 디램(Double Data Rate DRAM)과 램버스 디램(Rambus DRAM)의 기술 개발을 주도했다는 점이다. 디디알 디램은 전송 속도가 느린 범용 디램의 단점을 개선한 것으로 기존 컴퓨

▶ 삼성이 세계 최초로 개발한 144M 램버스 디램모듈.

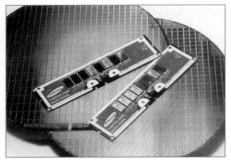

▲ 고속 램버스 디램.

터 시스템을 크게 바꾸지 않고 2배의 전송 속도를 낸다.

그동안 컴퓨터 CPU의 처리 속도는 매우 빨리 증가한 반면 디램의 정보 처리 속도는 이에 따라가지 못하였다. 디디알 디램은 이러한 문제를 해결하기 위해 개발된 것으로서 세계 반도체업체 중 삼성이 기술 개발을 주도하여 국제전기전자표준협회에서 국제 표준으로 확정시킨 제품이다. 삼성은 1999년에 1G 디디알 디램의 양산 기술을 개발한 데 이어 2002년에는 512M 디디알2 디램을 개발하는 데도 성공했다.

램버스 디램은 1999년 이후 인텔, 컴팩, 델 등 세계적인 반도체·PC 업체들이 제품에 채택하면서 새롭게 부상한 제품이다. 그런데 삼성은 이 제품의 기술 개발에서도 중요한 역할을 했다. 이런 이유로 램버스 디램을 채택한 인텔은 삼성에서 안정적으로 제품을 공급받기 위해 1999년에 걸쳐 삼성에 투자했다. 이 자본은 램버스 디램을 개발하고 양산하는 데 투입되었으며 여러 제품을 거쳐 2003년에는 고성능서버, 게임기, 네트워크 시스템에 들어가는 576M 램버스 디램을 생산하는 데도 쓰였다. 이 제품은 9.6Gbps의 전송 속도를 자랑한다.

고부가가치 제품 개발에 주력

삼성은 디램 일변도에서 고부가가치 제품군으로 반도체 사업을 다각화하고 있다. 또한 디램에서도 범용 디램 일변도에서 속도와 성능을 개선한 여러 디램 제품의 비중을 높임으로써 다른 기업들과 차별화를 시도하고 있다.

디램은 기술 경쟁이 치열하고 경기 변동이 심하기 때문에 한두 제품이 실패하면 투자 회수가 안 돼 다음 단계 제품을 개발할 투자 여력이 없기 때문이다.

즉 출시한 초기에 시장에서 주도적인 역할을 하거나 경기가 아주 좋을 경우 디램은 큰 이익을 낼 수 있으나 그 반대의 경우엔 손해 또한 그만큼 크다는 것이다. 예를 들어 1995년에 반도체 산

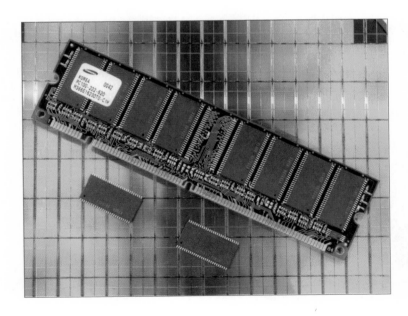

◀ 삼성이 개발한 그린 반도체. 이것은 납, 수은 등 환경 유해 물질이 전혀 없다.

업이 호황을 누렸을 때 삼성은 1조 원이 넘는 천문학적인 순이익을 냈다.

후발 주자인 삼성이 과거에 선진국을 빨리 따라잡는 효과적이고 유일한 방법은 범용 디램에 집중하는 것이었다. 그러나 선도 기업이 된 지금은 시장에서의 안정된 위치를 바탕으로 고부가가치 상품에도 주의를 기울여야 한다.

2001년 10월에 삼성전자는 '메모리 사업 전략'이란 발표를 통해 앞으로 나아갈 방향을 제시했다. 이 발표의 핵심은 메모리 사업을 기존의 PC용 제품에서 모바일 기기와 디지털 기기용 제품 위주로 다각화, 차별화하겠다는 것이었다.

이런 삼성의 의지는 2002년 메모리 반도체 총매출액 71억 달러 중 65퍼센트가 범용 디램이 아니라 플래시 메모리 같은 고부가가치 상품이었다는 점에서 확인되었다. 한편 매출액의 구성비는 메모리 사업의 다각화, 차별화 전략이 사전에 준비된 것이었음을 시사한다. 즉 삼성은 새로운 전략을 공식화하기 전에 이미 수년에 걸쳐 시장과 기술 동향을 분석하고 그에 부응하는 새로운 기술을 개발하려고 노력했던 것이다.

현재 삼성은 메모리 반도체와 비메모리 반도체 부문에서 고부가가치 상품의 비중을 높이는 방향으로 사업을 진행하고 있다. 특히 메모리 반도체의 경우 다양한 고성능 디램 개발을 시도하고 있다.

이러한 사업 다각화는 단순히 현재의 수익 구조를 향상시키기 위한 것을 넘어 기술 선도 기업으로서 다음 세대를 이끌어갈 기술을 개발하는 것과 밀접하게 연관돼 있다.

삼성은 범용 디램의 성과에 안주하지 않고 다양한 고부가가치 디램 제품을 개발함으로써 차세대 디램 제품의 세계 표준을 주도했다는 점에서 이전의 1위 기업들과 다르다. 그 대표적인 제품이 속도와 성능이 뛰어난 디디알 디램이다.

특히 삼성은 이러한 고부가가치 디램을 세계 최초로 개발하여 국제 표준으로 선정되게 한다는 점에서 남다르다. 국제 표준으로 선정되면 이들 상품의 초기 시장 선점에 유리하다.

이러한 첫 성과가 1997년 삼성이 세계 최초로 출시한 64M 디디알 S디램이다. 이후에도 삼성은 2001년 디디알2 S디램, 2002년 그래픽 디디알2 · 모바일 디램 등 차세대 표준 제품 개발을 주도했다.

◀ 삼성은 디디알 표준에 이어 디디알2 표준을 주도했다. 사진은 초고속 디디알2 제품.

준비된 자만이 기회를 잡는다!

플래시 메모리는 롬과 램의 장점을 합친 메모리다. 플래시 메모리는 전원이 꺼진 상태에서도 데이터가 지워지지 않고 필요에 따라서 데이터를 새로 써넣거나 수정할 수도 있다. 이러한 특징 때문에 플래시 메모리는 모바일 기기에 많이 사용된다. 플래시 메모리는 부피가 작고 전력 소모도 적어 디지털 카메라, 디지털 캠코더, 휴대전화기, USB 드라이브, MP3 플레이어 등에 핵심 부품으로 사용된다.

경영 측면에서 볼 때도 플래시 메모리는 매력적이다. 우선 용량이 같은 다른 저장 장치에 비해 값이 비싼데도 시장에서 수요가 기하급수적으로 증가하고 있기 때문이다. 디램은 주로 PC에 사용돼 PC 시장 경기에 민감하게 반응하는 반면 플래시 메모리는 오히려 시장을 이끌어가는 특징이 있다. 게다가 플래시 메모리의 용도는 계속 많아지고 있다.

플래시 메모리는 기본 회로의 특성에 따라 인텔에서 주력하는 노어(NOR)형과 도시바와 삼성이 주도하는 낸드(NAND)형이 있다. 오랫동안 인텔이 세계 시장점유율 1위를 유지하는 상황에서 삼성은 독자적으로 개발한 낸드형 플래시 메모리 제품으로 점차 시장을 확대해나갔다. 그리고 마침내 2002년에는 낸드형에서 도시바를, 2003년에는 전체 플래시 메모리에서 인텔을 제치고 선두를 차지했다.

삼성이 플래시 메모리 기술 개발에 본격적으로 나선 것은 1900년대 후반부터다. 삼성은 이미 1990년대 초부터 플래시 메모리를 개발하고 생산했으나 디램에 비해 상대적으로 비중이 낮았다. 그러다 모바일 시대 도래로 플래시 메모리 시장이 급속히 커질 것을 예견하여 1990년대 후반부터 적극적으로 준비했던 것이다. 삼성은 플래시 메모리 시장 초창기에는 어떤 기술이 더 우세할지

▲▶ 삼성이 독자적으로 개발한 8G 낸드 플래시(위)와 1G 낸드 플래시 메모리(아래).

몰라 낸드형과 노어형 두 기술을 모두 연구했으나 최종적으로 낸드형 플래시 메모리 개발에서 큰 성공을 거두었다.

　삼성의 예측대로 1990년대 말이 되면서 플래시 메모리 시장이 커지기 시작했다. 그러자 삼성은 이 분야에서도 재빠르게 기술 개발에 나섰다. 1998년에 128M, 1999년에 256M, 2000년에 512M 제품을 연이어 선보였다.

　삼성이 이처럼 빨리 성장하자 흥미롭게도 2001년에 도시바가 삼성에 낸드형 플래시 메모리 합작 개발을 제안했다. 그러나 오

시장 잠재력이 큰 플래시 메모리는 기술 개발 속도도 디램보다 더 빠르다. 그동안 반도체업계에서는 인텔 창업자인 무어(Gorden Moore)가 1965년에 주창한 '무어의 법칙'에 따라 '반도체 집적도'는 1년 6개월마다 2배씩 증가한다고 믿어왔다.

그러나 삼성전자 황창규 반도체총괄사장은 2002년에 세계 최고의 역사와 권위를 가진 반도체 학회인 국제반도체회로회의(ISSCC, International Solid-State Circuits Conference) 정기 세미나에서 플래시 메모리 용량이 1년에 2배씩 증가한다는 내용을 골자로 한 '메모리 신(新)성장론'을 발표했다. 이른바 "황의 법칙"으로 불리는 이 이론은 현재 메모리 시장과 기술을 전망하는 가장 유력한 이론으로 인정받고 있다

예를 들어 삼성의 경우 플래시 메모리의 집적도를 1998년에 128M, 1999년에 256M, 2000년 512M, 2001년 1G, 2002년 2G, 2003년에는 4G로 높였다. 특히 2003년에 개발된 선폭 70나노미터(nm)를 적용한 4G 낸드 플래시 메모리는 기존의 테이프와 시디 등을 대체하는 디지털 스토리지 분야의 '총아'로 떠오를 것이다.

◀ISSCC에서 한국인으로는 처음으로 기조연설을 한 황창규 사장(왼쪽).

래 전부터 '독자 개발'을 구상해왔던 이건희 회장은 당시 주무 책임자였던 황창규 사장에게서 독자적 기술 개발이 가능하다는 의견을 듣고 도시바의 제안을 거절했다. 이것이 '디램 신화'에 이은 '플래시 메모리 신화'의 시작이었다.

실제로 그 뒤 삼성은 2001년에 1G, 2002년에 2G, 2003년에 4G 플래시 메모리를 독자적으로 개발했고 이러한 기술 성과는 빠른 시장점유율로 나타났다. 도시바가 공동 개발을 제안했던 2001년에 삼성은 낸드 플래시 메모리 시장에서 시장점유율 27퍼센트로 도시바에 이어 2위였으나 2002년에는 1G 제품으로 시장점유율을 단숨에 45퍼센트까지 끌어올리면서 1위로 올라섰다. 2003년에는 낸드 플래시 메모리 분야에서 시장점유율 70퍼센트라는 놀라운 성과를 이루면서 플래시 메모리 전체에서 1위를 차지했다.

신제품 개발로 시장 창출

삼성은 이제 앞선 기술을 이용해 새로운 시장을 창출하는 위치에까지 올랐다. 대표적으로 여러 반도체를 하나의 칩으로 만드는 '퓨전 메모리'와 메모리와 비메모리 반도체들을 집적한 새로운 개념의 반도체를 예로 들 수 있다.

퓨전 메모리는 디지털 가전을 비롯한 새로운 기기들과 무선통신, 무선 홈네트워크 등에 쓰이는 디램, 플래시 메모리, 에스램 등 다양한 메모리를 하나의 칩으로 집적한 것을 이른다. 각 메모리 반도체의 특성을 다양하게 활용할 수 있는 장점이 있다.

▶ 삼성은 세계 최초로 6개 칩을 묶는 기술을 개발하는 데 성공했다. 사진은 MCP 제품.

실례로 삼성은 2003년 2월에 PDA, 스마트폰 등 차세대 모바일 기기의 성능은 극대화하고 크기는 극소화하는 고집적 반도체 솔루션인 '시스템 인 패키지(SIP, System In Package)' 개발에 성공하였다. 이 제품은 암9 프로세서, 256M 낸드 플래시 메모리, 256M 싱크로너스 디램 등 3가지 모바일용 핵심 반도체를 하나의 패키지로 집적한 것이다. 이로써 삼성은 CPU, 롬, 램 기능을 하나의 패키지로 지원하는 토대를 마련했다. 시스템 인 팩키지 외에도 여러 종류의 메모리들을 쌓아 만드는 다중칩(MCP, Multi Chip Package) 개발에도 많이 투자하고 있다.

차세대 메모리 반도체 개발에 주력

또한 삼성은 기존 메모리 반도체보다 처리 속도가 더 빠르고 내구성이 더 좋은 차세대 메모리 반도체 개발에서도 성과를 얻고 있다. 이런 노력의 성과물 중 하나가 2003년 7월 삼성이 세계 처음으로 개발한 새로운 개념의 메모리 반도체인 '피램(Phase Change RAM)'이다. 피램은 노어 플래시 메모리에 비해 데이터 처리 속도와 내구성이 1,000배 향상된 제품인데, 이것은 수년 안에 휴대폰 등에서 폭넓게 사용될 것으로 보인다.

삼성은 디램, 에스램, 플래시 메모리의 장점만을 결합한 '에프램(Ferroelectric RAM)'의 개발에도 관심을 기울이고 있다. 에프램은 초고속 데이터 처리, 데이터의 비휘발성, 저전력 소모 등의 장점이 있어 메모리 반도체 중 가장 뛰어난 제품으로 평가받았지만, 용량을 확대하지 못하는 기술적 한계로 256K급 저집적도 제품만 출시한 상태였다.

그런데 삼성은 1999년 8월 4M 에프램 기술을 개발한 데 이어 2002년 10월에는 모바일용 32M 에프램 기술도 확보하여 4M 에프램 제품을 개발하였다. 이러한 M급의 대용량 에프램은 향후 휴대폰, PDA, 스마트폰, 스마트카드, 네트워크 제품 등에 폭넓게 사용되리라 전망된다.

새로운 사업 창출한 반도체

메모리 반도체 사업은 삼성의 다른 사업 분야에도 큰 영향을 끼쳤다. 디램 사업을 하면서 얻은 기술 경영 요소들, 제품 개발 기술, 생산 공정 기술, 그리고 자신감은 삼성의 다른 사업 부문의 발전에 직간접적으로 긍정적인 영향을 주었다.

반도체에 이어 삼성이 세계 1위를 차지하고 있는 TFT-LCD(박막 트랜지스터 액정 표시 장치, Thin Film Transistor Liquid Crystal Display)의 경우 기능은 디스플레이지만 공정이 반도체와 흡사하다. 그러므로 공정을 중시한다면 반도체 사업 부문에서, 완제품에 무게를 둔다면 디스플레이 사업 부문에서 TFT-LCD 사업을 추진하는 것이 효과적일 것이다. 일본의 경우 도시바와 일본전기는 반도체 쪽에서, 샤프와 히타치는 디스플레이 쪽에서 LCD 사업을 추진하고 있다.

삼성그룹은 삼성전관(현재 삼성SDD)에서 추진하던 TFT-LCD 사업을 1990년대 초 삼성전자로 이관했다. 그런데 삼성전자는 이 사업에서 높은 불량률과 선진업체의 견제 등으로 인해 매년 수백억 원의 적자를 냈다. 그러자 그룹에서는 메모리 사업부의 대규모 인력을 LCD 부문에 파견하였다. 이들이 투입된 후 기술상의

▶ 삼성은 반도체에 이어 TFT-LCD 부문에서도 세계 1위를 달리고 있다.

문제가 개선되었고 때마침 LCD 시장이 호황을
누리면서 LCD는 거액의 흑자를 내는 효자 품목이
되었다.

세계적인 명품으로 인정받고 있는 삼성의
휴대폰 기술이 급성장할 수 있었던 것 역
시 반도체의 뒷받침이 있었기에 가능했
다. 예를 들어 40화음을 구현할 수
있는 칩과 휴대전화용 디스플레이 컨트
롤러칩 등의 비메모리와 플래시 메모리,

▲ TFT-LCD로 만든 모니터.

에스램 등의 메모리를 반도체 부문에서
지원했기 때문이다. 또한 LCD의 경우처럼 비메모리 부문의 직원
수십 명을 전보 또는 파견 형식으로 통신 부문으로 보내 모뎀칩
을 개발하도록 했다.

시스템 대규모 집적회로 개발

앞서 말했듯이 비메모리 제품이란 메모리를 제외한 반도체 제
품을 통칭한다. 삼성은 한국반도체를 인수한 직후부터 비메모리
사업을 시작했으나 비메모리 사업은 메모리에 비해 상대적으로
그동안 실적이 미흡하였다. 메모리 제품의 핵심은 공정 기술이고
비메모리 제품의 핵심은 설계 기술인데, 삼성은 설계 기술 면에
서 뒤져 있었기 때문이다.

삼성이 반도체 산업 진입 초기에 자신들의 강점인 공정 기술을

▲ 삼성은 2003년부터 모바일 CPU를 개발하고 있다.

감안해 메모리 반도체를 택한 것은 탁월한 결정이었지만, 거기서만 머물러 있을 수는 없었다. 왜냐하면 전체 반도체에서 비메모리가 차지하는 비중이 70퍼센트 내외로 규모가 훨씬 크기 때문이다. 삼성이 비메모리 핵심 분야인 시스템 대규모 집적회로에 투자를 점차 확대하는 것은 이러한 배경 때문이다. 비메모리 분야에서 삼성의 전략은 메모리에서의 강점을 최대한 살리는 것인데, 특히 메모리와 시스템 대규모 집적회로를 연계하는 것이다.

삼성이라는 이름의 '반도체 우산'

삼성은 메모리에서의 강점을 바탕으로 다국적 기업들과 꾸준히 기술 협력 관계를 맺고 있다. 이른바 삼성이라는 이름의 '반도체 우산'을 활짝 펴들고 있는 것이다. 소니, 파나소닉, 마쓰시타, 휴렛팩커드, 노키아 등 누구나 알 만한 세계적인 대기업들이 속속 이 우산 아래로 모여들고 있다. 노키아는 휴대전화 분야에서 삼성이 경쟁업체임에도 불구하고 메모리만큼은 삼성전자에서 사다 쓴다. 소니 역시 게임기 플레이스테이션2에 들어가는 램버스 디램을 삼성에서 공급받는다. 인텔은 삼성과 전략적 제휴를 맺고 CPU 펜티엄4를 지원하는 램버스 디램 기술 개발비를 지원했다.

삼성은 메모리뿐만 아니라 LCD에서도 세계적인 선도 기업이다. 이러한 지위 덕분에 삼성은 다른 세계 유수 기업과 협상할 때 유리하다. 최근 IBM, 델, 휴렛팩커드 등 PC업체들과 소니, 도시바, 히타치 등 가전업체들은 삼성에게 LCD를 더 공급해줄 것을 요청하고 있다. 또 2003년에 휴렛팩커드, 노키아, 소니 등에 낸드 플래시 메모리 공급 계약을 체결했던 삼성은 2004년 들어서는 마쓰시타, 샌디스크, 도시바 등 메모리카드 제조업체에서도 공급 요청받고 있다.

이외에도 삼성은 OMS(Optical Media Solution) 부문에서 도시바와 합작사를 설립하고, 미국 EMC · 델(레이저프린터)과 전략적 제휴를 맺었으며, 산요전기와는 미래형 에어컨을 공동 개발하고, 미국 월트디즈니에 고화질급 셋톱박스를 공급하기로 하는 등 여러 사업을 추진하고 있다.

디지털 컨버전스를 향하여!

현재 삼성의 미래 전략은 메모리 분야에서의 독보적인 위치를 기반으로 디지털 컨버전스를 실현하는 것이다. 미래에 우리는 디지털 기술로 연결되고 통합된 환경에서 살 것이다. 이런 조짐은 기존 기기들이 빠르게 디지털화되고 새로운 디지털 기기들이 속속 등장하는 데서도 읽을 수 있다. 삼성은 '반도체 우산'에서 끝나지 않고 더 나아가 디지털 기술로 통신, 영상 매체 등을 하나로 연결하는 '디지털 컨버전스'를 구현하겠다는 것이다. 사실 반도체, 통신, 가전, 컴퓨터, 디스플레이 등의 분야에서 높은 기술력과 경쟁력을 갖춘 기업은 흔치 않기 때문에 삼성이 디지털 컨버전스 강점을 가지고 있다.

메모리 기반의 디지털 컨버전스는 어떻게 가능한가? 먼저 디램

디지털 컨버전스

디지털 카메라 기능을 가진 휴대폰에 이어 MP3 기능을 가진 휴대폰도 나왔다. 휴대폰으로 통화를 하거나 문자메시지를 보내는 것은 물론 음악을 듣다가 사진을 찍어 인터넷으로 친구에게 보내는 일이 가능해진 것이다.

이처럼 서로 다른 디지털 기기나 서비스가 합쳐지는 현상을 '디지털 컨버전스(Digital Convergence)'라고 한다. 디지털 컨버전스는 가전제품과 모바일 기기, 통신과 방송, 인터넷 서비스와 네트워크 융합 등 디지털 기술을 바탕으로 다양한 형태로 나타난다.

디지털 컨버전스가 진행됨에 따라 과거에 통신(음성전화), 방송(TV), 데이터(PC) 등으로 구분되던 각 부문이 콘텐츠, 서비스, 네트워크, 기기 등 필요에 따라 분야별로 통합되어 관련 산업 간의 경계가 모호해지고 있다.

이러한 변화로 인해 소비자는 새롭고 편리한 방식으로 콘텐츠를 이용할 수 있다. 또 DVD, 오디오, 게임, 홈서버 등의 기능을 모두 갖춘 디지털 TV 같은 복합 기기와 관련 부품 생산 등 산업 측면에서도 새로운 기회를 만들어낸다.

의 수요처가 다양해졌다. 과거에 디램은 주로 PC에만 사용되었다. 그래서 PC 시장이 폭발적으로 성장할 때가 디램의 황금기였고 지금도 전 세계 디램의 80퍼센트 정도가 PC에 사용된다. 최근에 PC 시장은 더디게 성장하고 이로 인해 메모리 수요도 둔화되었다.

그러나 디지털 컨버전스의 진행에 따라 PC 이외의 부문에서도 디램의 수요가 증가하고 있다. PC에 홈시어터를 비롯한 여러 기능이 추가되고 휴대폰, PDA 같은 모바일 기기와 디지털 카메라, 게임기, 디지털 TV, 셋톱박스, 자동차 자동운항 장치 등 디지털 기기가 빠르게 보급됨에 따라 PC 이외의 기기에서 디램의 수요량은 오히려 증대되고 있다.

최근 미국 기업들이 메모리 사업을 재정비하는 이유도 이러한 추세에 대응하려는 것으로 보인다. 따라서 메모리에 관한 한 세계 최고를 자랑하는 삼성으로서는 미래 경쟁력의 핵심 인자들 중 하나를 이미 확보하고 있는 셈이다.

기술혁신의 중요성 일깨운 반도체

한편 반도체는 LCD, CDMA 사업 측면에서도 기여한 점들이 많다. 메모리 사업은 세계 일등 제품을 만들어내는 노하우와 비즈니스 모델을 제시함으로써 삼성 그룹 내 다른 사업 부문에 자극을 주었다. 그룹 내에 기술 선택의 신속성, 병렬적 신제품 개발 시스템, 연구개발에 대한 대규모 투자, 복잡한 공정의 효율적 관

리, 엄격한 품질 관리 등 기술 경영에 필요한 요소들이 자리잡게
하였다.

또 기술혁신을 삼성의 기업 문화로 정착시켜 기술혁신을 위해
자금을 동원하고 인력을 확보하는 환경을 조성하였다. 국내 최대
의 민간 종합기술연구소라는 '삼성종합기술원'이 설립된 것 역시
메모리 사업의 성공 덕분이다.

삼성의 메모리 신화는 삼성 내부뿐만 아니라 국가 발전에도 큰
공을 세웠다. 국민들에게는 '우리도 할 수 있다'는 자신감을 심어
주었고 한국인이라는 것에 긍지를 갖게 했다. 이제 우리는 세계
어디를 가도 삼성 광고를 접할 수 있고 삼성이라는 기업을 알고
있는 외국 사람들을 만날 수 있다. 세계 어느 쇼핑센터에서도 그
저 쓸 만하고 값싼 상품이 아니라 명품 대접을 받는 삼성 상품을
만날 수 있다. 즉 우리 국민들은 골프나 축구말고도 우리나라를
상징하는 삼성이라는 또 하나의 이름을 얻게 된 것이다.

삼성은 정부는 물론이고 국내 다른 기업들에게도 기술 기반 사
업이 성공할 수 있음을 생생하게 보여주었다. 특히 기술은 정부
가 아닌 기업이 주축이 될 때 혁신될 수 있음을 증명해보였다. 결
국 삼성의 반도체 성공은 국내의 많은 기업들이 기술혁신에 매진
하게 하는 촉매제가 되었다.

7

삼성의 성공 모델 'S이론'

경영학자들 사이에 널리 알려진 이론 중에 '도요타 생산시스템'이란 것이 있다. 줄여서 흔히 '도요타 방식'이라 부르는데, 일본의 도요타 자동차 회사의 성공 비결을 분석한 이론이다. 도요타는 2003년에 미국 자동차 산업의 살아있는 역사인 포드를 제치고 제너럴모터스에 이어 세계 2위로 올라섰다. 1959년에 설립된 이 회사는 경쟁사인 닛산보다도 2년이나 늦게 출발했다. 그럼에도 그렇게 비약적으로 성장한 것을 본 많은 학자들이 '도요타의 비밀'을 캐기 위해 집중적으로 연구했고, 그 결과 도요타 생산시스템이라는 이론이 탄생된 것이다.

이 이론의 핵심은 대량생산이 필수적인 자동차 조립 과정에서 가장 적절한 시점에 부품을 공급받아 상품을 생산하는 동시에 낭비를 최소한으로 줄인 것이 도요타의 성공 요인이라는 것이다. 오늘날 수많은 경영자들이 많은 시간과 돈을 들여 바로 이 도요타 방식을 실천하려고 애쓰고 있으며 이를 통해 도요타의 명성과 기업 인지도는 더욱더 높아지고 있다.

기술과 경영의 절묘한 결합

삼성전자의 성공에 대해서도 도요타와 같은 분석이 가능할까? 삼성의 반도체 사업 성공의 핵심은 기술과 경영의 절묘하고도 유기적인 결합이었다. 구체적으로는, 밤낮없이 땀 흘려 일한 CEO와 연구원들을 비롯한 삼성 직원들의 노력과 삼성 측의 과감한 투자, 정부의 직간접적인 지원이 한데 어우러진 결과였다.

삼성은 분명히 세계 여느 반도체 기업과 다른 '무엇인가'를 가지고 있다. 삼성이 지나온 길을 되돌아볼수록 이런 인상은 더욱 강하다. 앞으로 더 구체화해야겠지만, 삼성의 성공 요인을 더 분명하고 분석적으로 이해하기 위해서 '그 무엇인가'를 '삼성반도체 기술혁신모형(SSTIM, Samsung Semiconductor's Technological Innovation Model)' 또는 'S기술혁신이론' 혹은 '삼성이즘(Samsungism)'이라 표현해보면 어떨까? 여기서 'S이론'의 'S'는 Samsung specific(삼성 특유의), semiconductor(반도체), super performance(탁월한 성과), speedy progress(최단기 세계 1위 달성), system and culture(조직·관리상 강점) 등 삼성의 특성과 장점을 상징하는 단어들에서 따온 것이다. 삼성이 반도체에 국한되지 않고 TFT-LCD, CDMA 부문에서도 선도 기업이라는 점은 'S이론'의 가능성을 뒷받침해준다.

S이론의 핵심은 한마디로 "삼성식 기술과 경영의 긴밀한 접목 혹은 기술 중심의 경영"이다. 구체적인 내용은 다음과 같다.

첫째, 삼성은 경영진들의 신속한 판단으로 신제품 개발에 앞서 갔다. 반도체 산업에서 핵심 경쟁력은 얼마나 의사 결정을 빨리 하여 개발 기간을 줄이느냐 하는 것이다. 이런 이유로 삼성은 1983년 기흥 공장을 건설할 때 남들은 1년 반 이상 걸리는 공사 기간을 불과 6개월로 단축했고, 그 결과 제품 생산을 2년이나 앞 당길 수 있었다.

한편 선도 기업으로 부상한 이후 삼성은 경쟁 우위를 지키기 위해 일본업체보다는 반드시 3~6개월, 국내 경쟁업체보다는 6개월 앞서간다는 전략을 정해놓고 이를 지켰다. 결국 2001년에는 삼성과 일본의 기술 격차가 1년으로 벌어져 일본업체들이 메모리 사업을 포기하는 사태까지 발생했다.

둘째, 삼성은 고품질 제품을 생산하기 위해 최고의 공정 기술을 확보하는 데 역점을 두었다. 특히 메모리 반도체의 요체가 공정 기술에 있음을 일찌감치 간파하고 이를 독자적으로 개발하는 것을 최우선 과제로 삼았다. 즉, 여러 번에 걸친 경영상의 어려움에도 불구하고 반도체의 기술 개발을 최우선으로 배려하여 연구 개발이나 우수 인력 채용에 아낌없이 자금을 투자하였다. 그뿐만 아니라 생산 제품에서 최고급 품질을 확보하기 위해 무수한 품질 관리 기법을 도입해 활용하였다. 이는 기술 우선의 기업 문화를 구축하는 기초가 되었고 다른 부문의 사업에도 적용되었다.

셋째, 삼성은 기술 발전 경로를 독자적으로 개척해왔다. 삼성이 64K 디램에서 시작하여 16M 디램에 이르는 동안 선도 기업을 최단 기간에 따라잡을 수 있었던 데에는 매 제품 세대마다 최적의 기술을 선택한 덕분이다. 이는 최고 경영진이 기술 발전 경로에 대하여 다양하게 검토한 후 최선의 답을 내리고 또 이를 제대로 실행하였기에 가능하였다. 이것은 선도 기업이 된 후에도 마찬가지다.

특히 선도 기업이 된 후 삼성의 기술 리더십에 대하여 후발 기업들이 큰 저항 없이 뒤따른 것은 삼성이 그만큼 시의에 맞게 기술을 선택하였다는 것을 입증한다. 이렇게 삼성이 독자적 기술 발전 경로를 찾아내고 그 길로 갈 수 있었던 것은 관련 분야별로 핵심 기술 역량을 축적하였기 때문이다.

넷째, 삼성은 복합적 시스템을 효율적으로 관리할 수 있었다. 반도체 기업의 경쟁력을 가늠하는 지표 중 하나가 웨이퍼에서 칩을 생산하는 비율 즉 수율인데, 삼성은 이 부분에서 강점을 가지고 있다.

반도체는 공정이 복잡하기로 유명하다. 256M 디램만 하더라도 500개 이상의 단위 공정을 거쳐야 하는데, 삼성은 이 제품에서 전체 수율 80퍼센트가 넘는 골든수율을 실현했다. 이것은 삼성이 대단한 수준의 복합 시스템 관리 능력을 보유하고 있음을 증명해 보인 것이다.

다섯째, 삼성은 선진 기업을 조기에 따라잡는 방안으로 병렬개발시스템을 운영했다. 물론 반도체는 시간 싸움이라는 특성 때문에 업체 대부분이 이 시스템을 운영하였으나 삼성만큼 철저하게 시행하여 성공한 경우는 없었다. 병렬개발시스템 운영이 차례차례 순서를 밟아나가기보다 한꺼번에 여러 일을 추진하는 우리 기

업들의 특성인지는 모르나, 어쨌든 삼성은 이 시스템의 효과를
톡톡히 봤다.

열심히 일하는 기업 문화

'S이론'의 큰 틀에서 볼 때 삼성의 성공 요인은 무엇인가? 그것
은 삼성이 반도체 산업의 4가지 특징인 "최첨단, 우수 두뇌, 자본
집약, 타이밍"을 제대로 이해하고 실천한 덕분이었다. 물론 운도
따랐으나, 이것은 준비된 자만이 누릴 수 있는 혜택이라 할 수 있
다. 삼성의 성공 요인을 하나씩 따져보자.

먼저 삼성은 최고 인재를 확보했다. 한때 삼성이 내걸었던 '인
재 제일'이라는 구호가 가장 잘 실현된 분야가 바로 반도체다. 삼
성이 첨단 기술을 습득하고 독자적인 개발 능력을 갖게 된 것은
우수한 인재들이 밤낮 연구에 매진한 결과다.

삼성은 이런 인재들을 데려오기 위해 물심 양면으로 투자를 아
끼지 않았다. 그리하여 미국, 일본 인력들에 비하여 결코 뒤지지
않는 오히려 더 나은 인력들이 성장 가능성이 큰 반도체 분야로
속속 들어왔던 것이다.

다음으로 삼성의 성공 요인에는 최고 경영자의 리더십과 강력
한 지원이 있었다. 이병철 회장이 반도체 사업에 애정과 집념을
가졌던 것은 유명한 사실이다. 그것은 반도체 시장에 진출한 초
기에 반도체 사업부에서 삼성그룹 전체를 위태롭게 할 만큼 대규
모 적자를 냈음에도 반도체에 계속 투자했다는 점에서도 알 수

있다. 또 삼성그룹은 철저한 성과 평가를 바탕으로 신상필벌이 엄격하기로 유명한 기업이었지만 이 회장은 반도체 사업만은 엄청난 부진에도 불구하고 임원들이 계속 임무를 다하도록 독려해주었다.

이러한 이 회장의 열정과 지도력은 이건희 회장에게 이어졌다. 그는 사재를 털어 '한국반도체'를 사들였고, 반도체 기술 동향에 대하여 지속적으로 관심을 기울이고 공부한 이 분야에 대한 높은 식견과 안목을 갖춘 경영자로 유명하다.

1988년 4M 디램 개발 당시 트렌치 방식과 스택 방식을 놓고 선진 기업들이 논쟁만 계속하고 있을 때, 이건희 회장은 스택 방식으로 결단을 내림으로써 삼성이 메모리 분야에서 세계 1위에 올라서는 결정적인 계기를 마련하였다. 당시 1M 디램에서 세계 1위였던 도시바가 트렌치 방식을 채택하여 결과적으로 4M 디램부터 뒤처지기 시작했다는 사실은 그가 기술 발전 방향을 통찰하고 있었음을 보여준다.

대규모 투자가 불가피한 반도체에서 적기에 투자를 결정하는 것도 최고 경영자의 몫인데, 삼성은 불황기에 오히려 공격적으로 투자하여 경기가 호전되었을 때 절대적인 강자로 부상할 수 있었다. 우수한 인재와 이들을 믿고 지원하는 최고 경영자의 만남은 기술 능력의 급성장으로 이어졌다.

또 다른 삼성의 성공 요인은 '열심히' 일하는 기업 문화였다. 우리나라 사람들은 많이 일하기로 세계적으로 유명한데 삼성 반도체사업부 직원들은 특히 그랬다. 밤 11시에 모이는 '11시 미팅'이나 저녁 7시에 모이는 '수요공정회의' 같은 것은 다른 기업, 특히 삼성의 경쟁업체 연구원들에게는 상상하기 힘든 것이었다.

삼성은 연구개발부서뿐만 아니라 생산 현장에도 우수한 인력을 배치하여 꾸준히 기술 학습을 시켰는데 이것은 삼성의 공정 기술이 발전하고 생산성이 향상되는 비법 중 하나였다. 현장 근무자들까지도 업무를 개선하려고 크고 작은 것을 제안할 정도였으므로 기술 개발이 끝나고 양산이 시작된 이후에도 현장에서는 지속적으로 공정 기술이 혁신될 수 있었던 것이다.

연구개발부서와 생산 현장, 내부 자원과 외부 자원의 결합 등 서로 다른 요소들 간의 생산적인 결합 능력 역시 삼성의 독특한 강점이다. 삼성의 반도체 사업의 본산인 기흥 지역은 거대한 반도체 집합체. 삼성은 처음부터 연구개발부서와 생산부서를 한 곳에 설치함으로써 두 부서가 긴밀하게 연계하도록 했다. 즉 현장에서 문제가 생기면 개발 담당자가 금방 달려갈 수 있는 시스템인 것이다. 이런 환경은 최소한 차로 몇 시간 또는 하루 이상 달려야 생산부서에 도착하는 외국 기업들과 대조적이다.

삼성은 내부 자원과 외부 자원 역시 잘 결합했다. 일례로 반도체 사업 초기에 외국에서 스카우트한 인력과 삼성 내부에서 성장한 인력들의 경우 성장 배경과 문화가 많이 달랐지만 큰 갈등 없이 긴밀하게 협력했다. 또한 내부에서 개발한 기술과 해외나 국내 경쟁업체에서 개발한 재료, 장비를 효과적으로 결합할 수 있도록 다른 기업과도 긴밀히 협력하였다. 공정의 비중이 큰 반도체에서 재료와 장비의 문제는 기술 개발 못지않게 중요하기 때문이다.

삼성의 이러한 결합 능력은 최고 경영자의 강력한 리더십에서 비롯되었다. 단적인 예로 수요공정회의에서 최고 경영자는 나이, 직위 등은 모두 제쳐두고 오로지 공정 기술 문제를 해결하는 데만 역점을 두도록 하여 그 회의가 서로 견해를 조정하고 협력하는 방식을 배우는 장이 되도록 하였다.

마지막으로 정부의 적절한 지원도 삼성의 성공 요인 중 하나다. 당시 삼성이 단독으로 반도체 산업에 뛰어든 데서도 알 수 있듯이 우리나라 반도체 산업은 처음부터 민간에서 주도했다. 정부는 수도권에 공장 설립을 허용하는 것을 비롯해 산업 발전에 필요한 인프라를 주로 구축해주었고, 국공립연구소를 세워 반도체 전문 인력을 키워냈다.

독주는 계속된다

메모리 분야에서는 당분간 삼성의 독주가 계속되리라 본다. 현재 메모리 기술은 여러 종류의 메모리들이 하나로 통합되는 추세인데, 삼성은 기술적으로 이미 이것을 구현하고 있기 때문이다. 삼성의 반도체 수익에서 디램의 비중이 서서히 줄어들고 다른 메모리의 비중이 늘어나고 있는 점, 특히 에스램과 플래시 메모리에서 세계 1위를 차지하고 있고 디램에서도 범용 디램보다는 고부가가치 디램 비중이 늘어나고 있는 점도 이 같은 전망을 뒷받침한다.

비메모리에서도 삼성의 도약이 기대된다. 삼성은 비메모리 분야의 기술 능력이 취약하다는 지적을 받아왔으나 최근 이 분야에

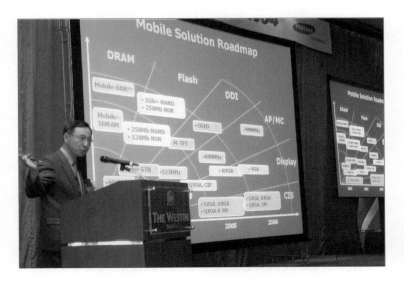

◀ 삼성이 주최한 '모바일솔루션포럼'에서 강연하는 황창규 사장.

연구인력을 대거 채용하는 것을 비롯해 꾸준히 투자하고 있기 때문이다.

특히 메모리를 이을 차세대 성공 사업으로 SoC를 선정하여 2001년 10월 SoC 전담 연구소도 설립했다. 2004년에는 시스템 대규모 집적회로에 대한 투자를 3.5배 늘린 1조 2,400억 원으로 책정하였다. SoC의 경우 삼성이 이미 경쟁력을 갖춘 홈 기기와 모바일 기기를 겨냥해 개발되고 있다.

2004년 3월에 시작된 '모바일솔루션포럼'은 PC 중심에서 모바일, 디지털 기기 중심으로 변하고 있는 정보기술업계의 리더로서 삼성의 위상을 보여주었다.

그동안 미국의 인텔이나 영국의 암 등 일부 선두업체들이 기술 마케팅 차원에서 포럼을 개최한 적은 있으나 모바일 관련 국제 포럼은 삼성이 처음 개최했다.

▶ 우리에게 반도체 신화는 희망의 다른 이름이다.

　이 포럼에서 삼성은 모바일 메모리, 플래시 메모리, 모바일용 TFT-LCD 등 핵심 모바일 솔루션을 공개했다. 제품의 로드맵을 제공하는 것은 해당 분야의 기술 선두업체만이 가능한 일이다. 이 포럼은 앞으로 삼성이 반도체업계 리더로서뿐만 아니라 모바일과 디지털 기기 부문에서도 신기술, 신제품 추세를 주도해나가는 계기가 될 것이다.

　삼성은 이제 단순히 수많은 기업들 중 하나가 아니다. 반도체 성공을 통해 우리 사회에 희망을 주었다. 삼성에 대한 국민적 기대와 성원은 삼성이 '반도체 신화'를 다른 분야에서도 이루리라는 확신에서 나온다.

　삼성이 반도체 산업을 통해 피운 희망의 싹이 삼성은 물론이고 다른 기업, 나아가 우리나라 전체의 발전이라는 열매로 나타나기를 고대한다.

SoC

SoC(System on Chip)란 기능이 여러 가지인 기기들로 구성된 시스템을 하나의 칩으로 만든 '기술집약적인 반도체'를 말한다. 예를 들어 과거에는 무선통신 단말기에서 통신 모뎀 기능과 데이터를 처리하는 컴퓨터 기능을 담당하는 칩이 분리되어 있었다. 이러한 기능을 수행하는 회로들을 하나의 칩에 통합하면 훨씬 효율적으로 무선통신을 할 수 있다. 나노기술의 발전과 더불어 SoC의 가능성이 어느 때보다 커지고 있다.

8

에필로그

　세계적으로 한국은 중진국이다. 또 산업화 측면에서는 후발국이다. 이러한 나라에서 세계 일등 제품을 만들어낸다는 것은 보통 일이 아니다. 그래서 삼성의 메모리 반도체는 삼성만의 성과로 끝나지 않는 국가의 자랑이요 자긍심이다. 지난 10여 년간 삼성이 세계의 기술 표준을 선도한 일은 한국에서는 일찍이 없었다. 이처럼 각별하게 의미 있는 삼성 메모리 반도체 사례를 보면 기술혁신에 대한 몇 가지 단상이 떠오른다.

　첫째, 기술혁신은 손쉬운 일이 아니라는 것이다. 기술혁신은 연구비나 인력을 조금 더 투입했다고 자동으로 이루어지는 것이 아니다. 세계적인 선도 기업으로 위상을 세우기까지 지난 20여 년간 삼성이 메모리 반도체에 투입한 인력, 자금 규모 등을 보면 기술혁신의 길이 얼마나 멀고 험난하며 애를 써야 하는지를 잘 알 수 있다.

둘째, 기술혁신을 위해서는 동태적 변화 관리 능력이 중요하다. 삼성은 초기에 디디알 디램에 사활을 걸고 모든 역량을 집중했다. 그러나 이후에는 디디알과 플래시 메모리로 사업을 다각화했다. 다중칩, 차세대 메모리 등에도 많은 역량을 쏟았다.

초기와 지금 삼성의 기술 역량을 비교하면 그야말로 격세지감을 느낄 수 있다. 그만큼 이제 삼성은 기술 수준이 높고 그 역량도 커졌다. 이는 삼성이 지난 20여 년간 새로운 환경에 효과적으로 대응하기 위하여 끊임없이 변신과 변화를 추구해온 결과다.

기술의 미래는 그 누구도 알 수 없다. 현재의 성공이 미래로 이어진다고 결코 장담하지 못할 뿐만 아니라 현재의 기술 핵심 요소가 향후에도 그럴 것이라는 보장이 결코 없기 때문이다. 이렇게 기술의 미래는 항시 불확실하므로 이에 대비해 지속적으로 기술을 축적해야 한다.

셋째, 기술혁신모형을 계속 바꾸어야 한다. 삼성이 지금까지 이룩한 것을 'S1기술혁신모형'이라고 했다면 앞으로는 새로운 기술 핵심 요소, 기술혁신 방식, 기술혁신 시스템이 특징인 'S2기술혁신모형'을 정립해야 한다. 생산 기술 기반의 기술혁신모형에서 앞으로는 창의적 아이디어, 원천기술, 소프트웨어 등을 토대로 하는 새로운 기술혁신모형으로 바꾸어야 한다.

넷째, 기술혁신을 위해서는 효과적인 기술 경영 능력이 필요하다. 삼성반도체의 기술혁신 밑바탕에는 경영자들의 탁월한 경영 능력이 있었다. 삼성은 기술을 경영의 핵심 요소로 끌어올렸다.

다섯째, 기술혁신은 많은 요인들이 다양한 측면에서 상호작용하여 나타나는 결과물이므로 이것들을 종합적, 효율적으로 관리하는 역량이 매우 중요하다. 즉 기술혁신에 관련된 수많은 변수들을 세밀하게 관리하고 결합하여 시너지 효과가 나도록 하는 것이 기술혁신 못지않게 중요하다.

여섯째, 기술혁신을 위해서는 정부의 역할이 중요하다. 삼성의 사례에서 볼 수 있듯이 초기에 정부는 반도체 산업을 육성하기 위해 자원 동원, 인프라 지원, 연구개발비 보조 등 다양한 시책을 폈다. 이후 삼성을 비롯한 민간 기업의 기술혁신 역량이 향상됨에 따라 정부는 기업의 역량이 아직 미흡한 영역을 개척하기 위한 연구개발 프로그램과 기업에게 인프라를 제공하기 위한 프로그램을 실시하였다.

종합적으로 기술혁신은 냉혹한 현실적 과제임을 깊게 인식할 필요가 있다. 대충대충 접근해도 쉽게 기술을 혁신할 수 있다고 생각해서는 안 된다. 기술혁신은 여러 변수들이 뒤얽혀 있어서 엄청난 자원과 에너지를 투입해도 그 성공을 확신할 수 없는 매우 복합적인 것이다. 또 장기간에 걸쳐 자원을 투입하고 힘을 쏟아야만 달성되는 것이다.

기술혁신은 이렇게 어려운 일이지만 일단 성공하면 그 열매는 크고 달콤하기 때문에 매진하게 만드는 마력도 지니고 있다. 즉 기술혁신은 여러 다른 요소들을 용광로에 함께 넣어 녹여야 하는, 힘들고 어렵지만 도전할 가치가 있는 오묘한 예술인 것이다.

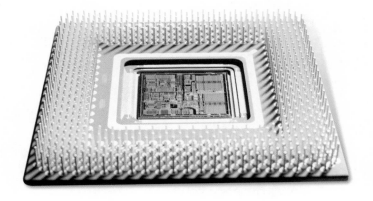

참고문헌

김성홍 · 우인호, 『이건희 개혁 10년』, 김영사, 2003.

변병문, 「한국 반도체 및 관련 기업의 생산 전략 연구 : 산업 분할에 의거한 상황적 접근」, 박사 학위 논문, 한국과학기술원, 1991.

산업연구원, 『우리나라 반도체 산업의 현황과 육성 전략』, 1987.

삼성경제연구소, 『한국 주력 산업의 경쟁력 분석』, 2002.

삼성반도체통신, 『삼성반도체통신10년사』, 1987.

삼성전자, 『삼성전자 30년사』, 1999.

서정욱 외, 『세계가 놀란 한국 핵심 산업 기술』, 김영사, 2002.

윤정로, 「한국의 산업 발전과 국가 : 반도체 산업을 중심으로」, 『한국사회사연구회 논문집』, 제22권, 1990.

조형제 · 김창욱 편, 『한국 반도체 산업 세계 기술을 선도한다』, 현대경제사회연구원, 1997.

주대영, 『반도체 사업의 발전 방안』, 산업연구원, 2000.

────, 『반도체 산업의 기초 분석』, 산업연구원, 2003.

최영락, 『반도체 기술 발전을 위한 자체 기술 능력 축적에 관한 연구』, 과학기술정책관리연구소, 1991.

≪한국경제신문≫

Kim, W., *Transition from Imitation to Innovation*, Ph. D. Dissertation, University of Cambridge, 2002.

Choi, Y., *Dynamic Techno - management Capability : The Case of Samsung Semiconductor Sector in Korea, Avebury*, Aldershot, 1996.